宽心就会开心 舍得方能获得

郑一◎编著

国家一级出版社 中国纺织出版社 全国百佳图书出版单位

内 容 提 要

世间道路坎坷曲折，人生之路也不会一帆风顺，一个人的快乐，并不是他所拥有得多，而是他计较得少。身处竞争的社会，敢于舍得，能够宽心，人生之路才会顺达。

本书从“舍得”和“宽心”两方面阐释了做人应有的心态，教会人们看清生活的本质、生命的真谛，让每一个读者都能在“舍得”与“宽心”之中找到心灵的宁静，收获平凡的幸福！

图书在版编目（CIP）数据

宽心就会开心 舍得方能获得 / 郑一编著 . -- 北京：中国纺织出版社，2017.12（2023.1 重印）
ISBN 978-7-5180-4406-1

Ⅰ . ①宽… Ⅱ . ①郑… Ⅲ . ①人生哲学—通俗读物
Ⅳ . ① B821-49

中国版本图书馆 CIP 数据核字（2017）第 302876 号

责任编辑：闫 星 特约编辑：王佳新 责任印制：储志伟

中国纺织出版社出版发行
地址：北京市朝阳区百子湾东里 A407 号楼 邮政编码：100124
销售电话：010—67004422 传真：010—87155801
http：//www.c-textilep.com
E-mail：faxing@c-textilep.com
中国纺织出版社天猫旗舰店
官方微博http：//weibo.com/2119887771
佳兴达印刷（天津）有限公司印刷 各地新华书店经销
2017年12月第1版 2023 年 1 月第 4 次印刷
开本：710 × 1000 1/16 印张：13
字数：198千字 定价36.80元

前　言

有人说："心随境转则不自在，心能转境则无处不自在。"生活是甜是苦，生命是有是无，全在自身的心念之间。

有舍有得，不舍不得，大舍大得，小舍小得。舍得是一种人生智慧和态度，舍得不是"舍"与"得"之间的日常计较，而是超越境界对已得和可得的东西进行决断的情怀和智慧。

"舍得"，是一种境界，一种禅机，一种智慧，它就蕴含在你的生活当中；"舍得"既是一种生活的哲学，又是一种处世与做人的艺术。生活中不乏得不偿失的例子：早晨为了多赖一会儿床，不得不放弃从容吃早餐的机会；为了多浏览几页娱乐新闻，不得不加班加点；为了尽快跟领导交差，胡乱敷衍完成工作，结果第二天被告知要重做……世上的一切事务都是相对的，有舍才有得，要得必须舍。身处竞争的社会，更需要以"舍得"之心对待一切，以洒脱和平常心对待生活。

有人说："一个人的快乐，并不是他所拥有得多，而是他计较得少。多是负担，是另一种失去。少非不足，是另一种有余。舍弃也不一定是失，而是另一种更丰富的拥有。"可见，得而有所舍才是智慧之心。

心宽，眼前的世界便是敞亮的。俗话说"身安不如心安，屋宽不如心宽，宁可清贫自乐，不可浊富多忧"。宽心是做人最从容的态度。心宽了，心情自然愉悦，心理便会健康，一切痛苦和压力就在无形中消

逝，轻松和快乐自然到来；心宽了，待人自然大度，心中便疏通畅快，一切烦闷和忧愁就不会烦扰自己；心宽了，做人自然大方，不因鸡毛蒜皮之事斤斤计较，更容易结朋交友；心宽了，心态自然平和，坦然面对误解和谣言，坦荡磊落，生活便不会轻易起波澜。宽心，使人生之路不再困苦，使生活更加幸福和美好！

世间道路坎坷曲折，人生之路也不会一帆风顺，有得就有失。面对得失，人们总是患得患失，在得与失的选择中彷徨不已。有人说，生活需要智慧。是的，面对生活中得失带来的困扰，真正明智的做法就是要学会舍得。把心放宽，把手放开，宽心后而舍得，这是人生的一大智慧。

本书从“舍得”和“宽心”两方面阐释了做人做事应有的心态，教会人们看清生活的本质、生命的真谛，让每一个读者在“舍得”与“宽心”之中找到心灵的宁静，收获平凡的幸福！

编著者

2017年3月

目 录

第 01 章
“舍”是一份从容，让你“得”到潇洒和快乐

第 02 章
“舍”是一种付出，用你的真心“得”到真意

第 03 章
“舍”是一种自制，眼光长远更能“得”大鱼

第 04 章
“舍”是一种谋略，以退为进“得”到最优之选

第 05 章
“舍”是一种播种，“得”是宽心后的累累硕果

第 06 章
“宽心”是一种包容，善待别人就是放过自己

第 07 章
“宽心”是一种忘却，悠然自在不被烦恼所困

第 08 章
“宽心”是一份感恩，懂得珍惜不去斤斤计较

第 01 章

“舍”是一份从容，让你“得”到潇洒和快乐

古人说：“心容天下，海纳百川。”生活在如今高节奏、竞争压力之大的当下，谁都会有压力和放不下的东西，比如名利、金钱、地位等，正是这些无形压力累得你喘不过气来。我们只有懂得“舍”的智慧，才能学会放松，人生要轻松，输什么也不能输了自己的心情，让自己复杂的心灵得到洗礼，是一种享受，也是一种超脱。

舍，并不意味着随便丢弃

生活中，人们常说，人生是一次艰难的航行，在这次航行中，绝不可能一帆风顺，令我们苦恼的，不仅是那些暴风雨，更有那些让我们为难的抉择，是“舍”还是“得”。“明者远见于未萌，智者避危于未形”，很多时候，没有果敢的放弃，就没有辉煌的选择。与其苦苦挣扎，碰得头破血流，不如潇洒地回头，果断地放弃。当然，“舍”并不意味着随便丢弃，也不是轻易地说放弃，而是一种能“两弊相衡取其轻，两利相权取其重”的睿智，一种举棋若定、以大局为重的智慧。相信我们都听过“猴子摘桃”的故事：

森林里，有一只淘气的猴子。一个周末，它来到一片桃树林，看到树上的桃子又大又红，很诱人，于是，它赶紧爬上树，摘了好几个。

它抱着这些大桃子继续往前走，过了一会儿，它又看到一片玉米地。“多大多棒的玉米啊！我得带几个回去。”猴子想到这儿便扔下了手里的桃子，跑到玉米地里，马上摘了几个大玉米棒子，然后抱着玉米继续向前走。

又走了一段路，它又被眼前一片绿油油的西瓜地吸引，到处是又大又圆的西瓜，它心想：“滚圆的大西瓜一定很甜，我得摘一个回去。”于是，它又扔下了那些玉米，赶紧摘了一个大西瓜，满心欢喜地往前走。

正当它准备回家的时候，却看到一只可爱的兔子从自己的身边蹿过去，于是，它高兴极了，大喊道：“我要抓只兔子带回去！”

它满脑子都是小兔子，哪里还想要大西瓜，于是，它又把大西瓜扔了，然后去追兔子。追了好几个小时，它也没追上。最后，小兔子蹿到另外一片树林里消失了。小猴子想想，还是不追了。

玩儿了半天，天渐渐黑了下来，小猴子有些害怕，赶紧往回走。回到山上，当妈妈问它带回什么东西时，小猴子两手空空地低下了头。

我们看完这个故事，肯定会取笑故事中的猴子，它总以为更好的东西在前方，于是，不断地舍弃，到最后，什么都没得到，只得空手而归。其实，生活中的我们又何尝不是如此呢?

我们的周围，就有这样一群人，开始做事时，他们热情高涨，但这股热情很快就被接踵而来的困难消磨殆尽，或者心血来潮之后，就马上改了主意，这山望着那山高，于是又放弃原来的计划而开始了新的行动，他们就这样无休止地舍弃，以至于留下无数的“烂摊子”工程。他们不能获取成功，是因为他们不能把自己的行动和愿望贯彻到底。聪明的猎人不仅跟踪猎物，重要的是他们最终会抓获猎物。

我们常说，有“舍”就有“得”，却忽视了“舍得”的真正要义，舍并不是轻易地放弃，而是在无路可走的情况下果断地回头，这是一种为人处世的智慧。

的确，真正的强者，该舍弃的时候会放下。只有舍弃了，才会有新的开始，才会有更多获得成功的机会，有些坚持是没有任何意义的。但这并不是说我们要随意丢弃。

总之，我们应该理解舍得的真正含义，为人处世，要择善而行、尽自己最大的努力，在无路可走的情况下，要学会悬崖勒马，果断舍弃，才能找到新的出口，才能获得圆满的人生!

不舍、不得，机会只会在犹豫间溜走

生活中，我们常常需要作出抉择——实行或者不实行，我们总是试图通过最精确的思维，获得最想要的结果。但实际上，很多时候，正是因为我们过多地思考，而导致了我们瞻前顾后，不敢行动，成功的机会也就在“做”与“不做”之间溜走了，留下的也只有遗憾。曾经有人说过，这个世界上，最可怜的人就是那些瞻前顾后、不懂取舍的人，他们正是因为左右摇摆而最终一事无成。

生活中的我们，也应该记住这个道理：只要是自己认定的事情，绝不可优柔寡断。犹豫不决固然可以避免做错一些事，但也失去了成功的机遇。

这个道理同样适用于到生活中的其他方面，在你决定做某一件事情之前，你应该运用全部的常识和理智慎重地思考。如果发现好的机会，就必须抓紧时间，马上采取行动，才不至于贻误时机。如果犹豫、观望而不敢决定，机会就会悄然流逝，后悔莫及。瞻前顾后的行动习惯使人丧失许多机遇，很多时候，很多事情，如果我们果断去做，事情的结果就会大不相同。

有一个年轻人，长相帅气，为人厚道，但有个明显的缺点就是做事优柔寡断，连追女孩子也是如此。

他暗暗喜欢一个姑娘。每逢周末，当同事都和女朋友出去约会时，他的心里也是痒痒的，但他就是没有那个勇气。他总是担心这个担心那个，要么怕对方拒绝，要么怕打扰对方休息。

一个周末的下午，百无聊赖的他终于下定决心去姑娘家。但是，当司机把车开进姑娘家所在的巷子时，他就开始后悔了：既怕这次来了不受欢迎，又怕被姑娘拒绝，他甚至希望司机按原路返回。

思前想后，终于，他还是站在了姑娘家门口，心想，既然来了，就豁出去吧，他轻轻地按了下门铃，但居然没人回应。他又想，无论谁来开门，如果对方告诉自己姑娘不在家该多好。他等了一会儿，还是没人出来，幸好，他们都不在，不然自己真不知该怎么应付。

于是，他既高兴又失望地离开了。不过接下来的时间里，他又开始无聊了。

令他没有想到的是，其实，这个姑娘已经等他一上午了，她多希望他能站在楼下喊一声自己的名字，因为她家门铃坏了。

故事中，假如那个年轻人不患得患失、迟疑不定，而是大胆地喊一声姑娘的名字，那么，他们就会度过一段美好时光了。

生活中，如何克服这种左右迟疑的坏习惯呢？经验证明以下方法卓有成效：

无论做什么事，不妨告诉自己：假如今天是我生命中的最后一天，我该怎么做？当然应该全力以赴。否则，你总觉得自己还有充足的时间，总是优柔寡断、抱有幻想，那么，最终便会一事无成。

另外，你还需要做的是，不顾一切、勇往直前。你可以这样勉励自己：“豁出去了，大不了重来”“大不了被人笑话一顿”，即使这样，又有什么损失呢？一旦你有了这种意识，就会敢做敢当，优柔寡断便在你身上消失得无影无踪。

当需要我们执行的时候，当断不断，必受其乱：为人处世，必须坚决果敢，当机立断，一旦决定就马上去做，如果前怕狼，后怕虎，只会白白错失很多机会，考虑太多只会造成“竹篮打水一场空”的后果。

很久以前，有几个年轻人，他们以追求快乐为宗旨，但生活就是这样，他们不但没有寻找到快乐，反倒徒增了很多烦恼和忧愁，为了不让自己迷失，他们决定去问老师苏格拉底。

“老师，到底快乐在哪里？”

苏格拉底说：“你们还是先帮我造一条船吧！”

于是，几个年轻人开始停止寻找快乐，而是集合在一起，找到造船的工具，然后花了四十九天的时间，先砍倒一棵大树，然后用这棵树造成了一条船。并且，他们造的船很结实。当造好船以后，他们迫不及待地想下水嬉戏。

独木船下水了，几个年轻人把苏格拉底请上船，一边合力荡桨，一边齐声唱起歌来。苏格拉底问："孩子们，你们快乐吗？"

大家一致说："快乐极了！"

苏格拉底说："其实，快乐无非如此，它往往在你忙于别的事情时突然来访。"

生活中的每个人，不要笑看犹疑不定的做事习惯给我们带来的副作用，许多足以改变命运的契机，都因为我们的优柔寡断而与我们失之交臂，永不再来。要摆脱这种苦恼，我们就要训练自己的判断力，要坚定、勇敢、自信、果断，你若一直朝着目标前进，那么，他人一定会为你让路，而对于一个摇摆不定、踟蹰不前、走走停停的人，别人一定抢到他前面，绝不会给他让路。

舍弃并不意味着失去

我们都知道，得与失是一个对立面，人们都希望得到而害怕失去，这是一种常有的心态。然而，"人生充满得失。"世事难料，因为任何事情都有一个变化发展的过程，此刻你不如意并不代表你一生不幸，此时你满面春风并不代表你一生顺利。因此，我们应该学会舍得，舍得，并不意味着失去，因为只有舍得才会有另一种获得。如果你想在某个领域取得成就，你就必须舍去一些玩乐的时间；如果你想拥抱大自然，你就必须舍去舒服的办公椅；如果你想获得一份真诚的爱，你就必须舍去自私。

大概每天的傍晚时间，纽约市的中心公园里，总会驶过一辆豪华轿

车。当然，车里坐的不仅是司机，还有一位纽约市无人不晓的富翁。富翁是个细心的人，他注意到，这座公园的角落里，有个乞丐，他的眼神从来没有离开过自己住的豪华酒店。

这天，富翁闲来无事，想到了这个乞丐，他便下了车，来到乞丐面前。

“请问，你为什么每天都盯着我住的酒店呢？”富翁很有礼貌地问。

“先生，我在想，要是我能住进这样的酒店该有多好！”

富翁对他的梦想很感兴趣，然后说：“今晚你一定能如愿以偿。我将为你在酒店租一间最好的房间，并付一个月房费。”

过了几天，富翁准备敲乞丐的房门，想看看乞丐住得是否满意。但谁知道，乞丐已经离开了，他朝窗外看了看，发现乞丐又回到了公园的长椅上。

富翁径直走向公园，问乞丐为什么这么做，乞丐的回答是这样的：“原先我睡在公园长椅上时，我夜里会梦见自己住在豪华酒店里，这样的梦太美了。而当我真住在豪华酒店里时，我的梦却反了，我梦到的是自己睡在公园长椅上，忍受着寒冷的侵袭。这太可怕了，我根本睡不好。”

是啊，每一种生活都有它的得与失，正如俗话所说：“醒着有得有失，睡下有失有得。”所以，我们不仅应该正视人生的得失，还应该看清楚舍与得之间的关系，人们常说：“有舍就有得”，舍去的，就不要过分执着，也许，下一刻，将会有另一份惊喜等着你。

生活中，当我们需要抉择时，绝不能因为害怕失去而不敢舍弃；当你失去时，也要调整好心态，应随时随地、准确无误地选择适合自己的位置，既不以福喜，也不以祸忧，才能在事情的起承转合上控制好！“塞翁失马，焉知非福”的故事，我们已经了熟于心。

《老子》五十八章：“祸兮福之所倚，福兮祸之所伏。孰知其

极，其无正。正复为奇，善复为妖。人之迷，其日固久。”其中描述，无论遇到什么事，都不要迷于单向度的追求，而要了解相依转换的道理，然后调整心态，继续过自立自足的生活。祸福本身就是相互转换的，因此，不管你现在得到了什么，失去了什么，都不要纠结于一时，心态是自己选择的，祸会转化为福，福也会转化为祸，为何不敞开心扉，坦然面对呢?

总之，生活中的人们，对于得失，要学会用超越时间和空间的眼光去观察问题，要考虑到事物有可能出现的极端变化。这样，无论福事变祸事，还是祸事变福事，都有足够的心理承受能力。

权衡利弊，有舍才有得

在中国，有这样一句俗语：“舍不得孩子套不着狼。”这句话的含义是，要达到某一目的必须付出相应的代价。的确，天下没有免费的午餐，我们若希望获得某种重要的东西，要么通过自己的努力得到，要么就用现在所拥有的去交换，关于后者，就需要我们果断舍得。因为鱼与熊掌不可兼得，而智慧的人多半会权衡利弊得失，最终作出正确的选择。

犹太人罗斯柴尔德是一个很精明的商人。长时间的生意经验让他十分清楚地意识到，要在这个犹太人备受歧视的社会里脱颖而出，最有效的办法就是接近手握巨大权势的领主并博取他的欢心。

好不容易，他被通知可以接受当地领主的接见。这是个难得的机会，他下定决心一定要把握住。为此，他不但把花了很多心血和高价收集的古钱币以低得离奇的价格卖给公爵，同时还极力帮助公爵收古币，经常为他介绍一些能够使其获得数倍利润的顾客，不遗余力地帮公爵赚钱。

如此一来，公爵不但从买卖中尝到了很多甜头，而且对古钱币的兴

趣也越来越浓。罗斯柴尔德和他的关系逐渐演变为伙伴般的长期关系，远非普通的买卖关系。

罗斯柴尔德是个舍得下血本的人。他为了实现长期战略，宁可舍弃眼前的小利。这种把金钱、心血和精力彻底投注于某个特定人物的做法，日后便成为罗斯柴尔德家庭的一种基本战略。如若遇到了诸如贵族、领主、大金融家等具有巨大潜在利益的人物，就甘愿作出巨大的牺牲与之打交道，为之提供情报，献上热忱的服务；等到双方建立起坚固的深厚关系之后，再从这类强权者身上获得更大的收益。如果说一两次的“舍本大减价”一般人可能做到的话，罗斯柴尔德这种一直“舍本”帮助别人赚钱的做法不能不说是难能可贵的。虽然他得以在宫廷进进出出，但自己在经济上仍然相当拮据。

在罗斯柴尔德25岁那年，他获得了“宫廷御用商人”的头衔。罗斯柴尔德的策略奏效了。

我们发现，犹太商人罗斯柴尔德果然很聪明，他懂得放长线钓大鱼、舍小利获大利，这也是成功的犹太商人的生意经。

的确，俗话说：“先做朋友后做生意。”为了做成大生意，我们有必要在做生意前先为对方付出，甚至应该适当舍弃一些利益。比如，你可以在客户生日的那天，及时送上祝福，并且通过赠送一些小礼物来表达你真诚的谢意和良好的祝愿，从而进一步增近与客户的感情，建立更加亲密的关系。

事实上，除了经营财脉，这种“舍小利以谋远”的态度也适用于方方面面，不失为一条良好的人生准则。 在人际交往中，我们发现，那些在小利小益上斤斤计较，丝毫不愿让步的人，虽然暂时获得了某种好处，但他却给别人留下了自私自利的印象。而那些凡事不争不抢、偶有小利也让给别人的人，总能获得别人的好评，人际交往中自然事事顺心。

《易经・损》中有这样一段话：“损：有孚，元吉，无咎，可贞，利有攸往。”这句话的大致意思是，“损、益”，不可截然划分，二者

相辅相成，是一种辩证思想。说到底，这就是取舍之道，有舍才会有得。中国古话说得好：吃小亏，赚大便宜。

经济大萧条时期，美国有一家工厂，由于客户产品滞销，濒临倒闭。为了挽救这种局面，这家工厂的老板想到了一个很奇妙的办法。他让伙计去种植园买来一批尚未成熟的苹果，然后制作一些小标签贴在苹果上。当这些苹果快成熟时，他们才揭下那些标签，这时，原来苹果上贴过标签的部分就会变成一片空白。

接下来，他在标签上写下退单客户的名字和温馨的话语，然后逐一把这些写有名字的苹果送给那些客户。当他们收到这些写有自己名字和温馨话语的苹果之后，都很惊讶并且感动。因为他们感受到了这位工厂老板是用心在跟自己做生意，我又有什么理由拒绝呢？所以，这些客户在收到苹果后，都接二连三地给这位工厂老板打电话，主动提出订货。

在这段持续了好多年的经济萧条时期，许多工厂都因为没有强大的经济实力而倒闭，但这家工厂不光没有倒闭，反而生意越来越好。

这则销售案例中，工厂老板之所以能改变现状，把滞销的产品推销给那些已经退单的客户，主要原因是他为这些客户送上了亲手制作的苹果，使客户深受感动，一个小小的苹果就换来了客户的真心，这就是舍小得大，何乐而不为呢？

同样，在如今这个商业社会，我们时时刻刻都面临着各种各样的抉择，在得与失之间，我们常常感到迷惘。而更多的时候，我们舍不得放弃手头实实在在的利益，心里想的也是怎样保证眼前的利益不受损失。殊不知，这样做只会任机会溜走，不但不会有所得，甚至会失去更多。舍小利以谋远，关键在于一个“舍”字，只有舍得，才能获得。

得到，并不一定快乐

生活中，我们发现，当一群闺密、“死党”聚在一起时，常会

这样问候对方：“最近过得好吗？”比较普遍的回答是“不错”“还行”“马马虎虎，就是凑合着过！”其实，过得好还是不好，估计我们每个人心里都有杆秤，那么到底什么样的日子才叫过得好呢？对于平凡的我们来说，估计回答大致都是这样的：希望工作与生活、家庭与事业都能顺顺利利，也就是说，每个人都希望自己是个幸运儿，希望自己的人生路上能不断收获，但这是真的幸福吗？幸福是一种愉快的精神体验，可能你曾经有过这样的体验：读书的时候，如果你总是考第一名，那么，时间一长，你便失去了成就感；而如果你的成绩长期处于中上游水平，却因为努力学习夺得了第一名，那么，你会感觉自己的努力得到了回报，这种幸福感往往大于前者。其实，一味地得到和收获也不能让你体会幸福，相反，很多幸福的瞬间，是在失去以后才能体会到的。

人们常说“舍得”，舍得舍得，说的就是“有舍才有得”。哪种生活是光有“得”，没有“舍”呢？不过是一种平衡关系。想一想，我们常常接触的“幸福学说”，哪个学说不是在说“舍”和“得”的关系？只不过，幸福的人清楚地知道自己要“舍弃”什么，并且安心地享受“得到”的部分；而不幸的人，有的尽管已经得到了很多，但是他总在为“舍”掉的部分痛惜。

从前，有一个学者，他有一个人生目标——那就是寻找这个世界上最快乐的人。他走了很多路，遇到了很多人，但没有人说自己快乐。

这天，他在官员的引荐下，来到了皇宫，他看到皇帝端坐在龙椅上，左右都是貌美如花的妃嫔，心想，皇帝一定是世界上最快乐的人了。当他问皇帝时，没想到皇帝却愁眉苦脸地说：“我一点也不快乐，每天我都需要考虑烦琐的国家大事，我担心我的政权被别人推翻，我担心外敌入侵，我怕我的金银珠宝被妃嫔们盗窃，我怕生病，我怕死亡……哎！我是世界上最不快乐的人！”

听完皇帝这么回答，学者认为，皇帝都不快乐，谁还会快乐呢？于是，他垂头丧气地从皇宫里走出来，漫无目的地走在马路上。谁知道，经过一片荒野时，他看见前边有人坐在一堆火旁边，一边唱歌，一边烤

着什么东西，他走过去一看，竟然是一个乞丐，他奇怪地问道：“看样子你一定很快乐了？”乞丐答：“我捡到了半根香肠，晚上不用挨饿了！我现在是世界上最快乐的人！”

大千世界，芸芸众生，各人有各人的活法，各人有各人的快乐，对快乐的理解也大相径庭。不同的人，追求的是不同的快乐。在孩子眼里，一个小玩具、一包零食、父母的一个拥抱都能让他们快乐；恋人们之间，一句“我爱你”就能让对方很快乐；人到中年，孩子的学业、事业、婚姻都关乎到他们是否快乐；老年人的快乐则是宁静、安详、平和……但所有的幸福都是建立在对现有生活的满足上的，一个已经陷入欲望沟壑的人是永远体会不到幸福的真谛的。

大部分人认为，一个人是否快乐、幸福，应该是与其所拥有的财产多少、地位高低成正比的，那些地位显赫、家财万贯的人必定是幸福的。其实不然，我们看那些历代皇孙贵胄，谁不是锦衣玉食、万人朝拜，但又有谁是真的快乐呢？他们要时时为了皇权的争夺而苦心积虑，深恐遭到别人的暗算而担惊受怕，难能真正快乐过。就像上面故事中的皇帝一样，就算拥有再多的东西，也没有快乐可言。

生命只有一次，而且时间是有限的，人生在世只有短短的几十年而已。所以，每个人都应该珍惜自己的生命，在有限的时间里不要让自己太疲惫，要让自己过得幸福一点。人活一世为了什么？就是为了让自己幸福，活得快乐幸福才是人生最大的财富。而生活中，很多人觉得自己活得累、不幸福，就是因为想要得太多，实际上，我们人类所需要的物质资源并不多，美食再多，你只有一个胃；房子再大，你每天晚上只需住一间；衣服再美，你每天也只能穿一身。只要你能认清这一点，对于物质财富，你也就能坦然面对了。更重要的是，我们将会有更多的时间和精力，进行一些精神层次的追求和享受。

其实，应该说，人的幸福指数与其欲望是成反比的，越想得到的多，失去的就越多。我们从出生那一刻起，就注定了会得到什么，失去什么，我们会得到父母的爱，但终有一天，父母也会离开我们；我们还会面临事业上的不顺心、感情上的不如意甚至朋友的背叛等，但人的精力是有限的，我们不可能什么都抓住，所以，不必苛求那些得不到的东西或办不到的事情。过于执着，只会让你失去很多当下的快乐，因此，每个人都要学会“知足”，很多快乐都建筑在这两个字之上，如果你一辈子都在不停地满足自己一个又一个目标，却没有一丝一毫的幸福可言，那这样的人生又有什么意义呢？

生活在这个世界上是很不容易的，生命也是有限的，所以，我们要把有限的生命投入到无限的快乐生活中去。因此，从现在起，你不妨舍掉无止境的欲望，学会知足吧：

当你每天为了生计奔波的时候，你应该知足了，因为你还有家人；

当你和爱人吵架的时候，你应该感到幸福，因为茫茫人海，是缘分让你们走到了一起；

当你对父母的唠叨不胜其烦的时候，你应该感到知足，因为你还有父母的关心；

当你不得不为了早起上班而烦恼的时候，你应该感谢自己，感谢自己还有一份工作；

当你没有汽车代步而骑自行车的时候，你应该感谢上苍，让你拥有健康。

总之，无论在什么时候，无论在什么地方，我们都要学会舍弃，舍弃不真实的欲望，学会享受当下。假如你没有惊天动地的大事业可以做，那么就做一个小人物，享受一个小人物的幸福！

学会舍得才能获得快乐

现代社会，人们抱怨，活着真累。而人为什么活得累？因为他们太贪心了，总是什么都想要，又总是什么都舍不得，不仅要物质、财富、名利，还要情感，不但要有，还要最好的，接下来，我们便被欲望控制

了，欲望的沟壑是无法填满的。这山看着那山高。于是乎，还得追求，还要奋斗。好不好呢？追求并不是不好，人因为有追求才会有进步，否则就有如行尸走肉！但凡事有度，如果太过专注那些虚无缥缈的追求而忽视了眼前的东西，那就本末倒置了。毕竟，不是每个人都能成为比尔·盖茨，也不是每个人都能成为商界精英、政界豪客。所以，要想活得轻松，活得快乐，就要学会舍得，舍弃那些束缚自己的事与物，舍弃永不知足的欲望，那么，你收获的将是一颗平常心，一份淡然的快乐！

而现实生活中，牵绊人们脚步的因素似乎总是很多：

曾经，有个成功人士，和许多追求成功的人一样，他也经历了很多坎坷。

十几岁时，他给人打工、干体力活，每天，他很早就起床，夜晚直到凌晨以后才睡觉，他没有朋友，只会努力干活。那时候，他想，要是能拥有自己的一家店面就好了。

几年后，他有了一点积蓄，于是，他用这笔钱盘下了一间店，他做起了生意。那时候，虽然忙碌，但生意还是不错的。他没有闲钱雇用伙计，就亲自动手，他心想，过几年，生意做大了再休息吧。

又过了几年，他凭借自己的努力，生意越来越好了，店也开得越来越多，每天资金流动量很大，他更不放心把生意交给别人打理了，还是自己苦拼，联系货源，接待客户，管理账目……忙得不可开交。看他真的好辛苦，有人就劝他："你放一放可以吗？好好地休息一天，看看世界会不会大变！"

他回答："那怎么行，我若不做，别人就会抢走我的生意，前面的那些大户我会追不上的，后面一些中小户又逼上来，放一放，我会落在后面的。"

突然有一天，他累倒了，躺在病床上，他的生活里突然少了工作，少了生意，他终于有时间好好想想自己的人生了。

一天，他亲眼看见一个病友被抬出病房，但再也没回来。"多么年轻的小伙子啊！"他感叹道。

那张已经空了的病床，让他感慨颇多，他突然明白一个道理：

人由生到死往往只是一步的事，其实，人生苦短，何苦让自己过得这么辛苦呢？一直以来，自己的名利心太重，想要的太多，然而真正得到的却很少。如果不是因为这次生病，他会一直拼到五十岁、六十岁，甚至更久，没有娱乐，没有休息，最后两手空空地离开这个世界，这是一件多么可悲的事啊！

出院后，他好像换了一个人似的，生意还在做，只是他交给别人打理了，即使那人有了失误，他也不太在意，人们经常会在高尔夫球场上看到他，有时他也慷慨地与他的家人坐飞机到外地旅游。

他终于懂得了生活的意义，终于找到了所谓的放下——这颗人生中最宝贵的钻石。

其实，我们从出生起，都一直在孜孜不倦地追求一样东西，那就是快乐，无论是追求财富、名利、地位等，都是为了获得快乐。可悲的是，现实生活中的一些人，总是不安于现状，他们并不是被那些“一日一鱼”所诱惑，而是总永无止境地追求，于是在这所谓的追逐中失去了原本的快乐。

人们常说，生命的意义不在于其长度，而在于其宽度和高度，这句话是对生命意义的高度抽象化的概括。我们一直在苦苦地思索着怎样才能使生命有意义，这其实也很简单，那就是快乐。人生在世，无论我们选择哪条路，我们都必须洒脱、快乐地面对生活，面对生命。只有快乐一点，你的心才不会老去，永远有高涨的激情，眼睛里时时刻刻都是新鲜的风景，这样的生活不禁会让我们萌生无限的遐想和向往。让我们在清晨的阳光下上路，追随着潇洒者的足迹，一起感悟那些在路上折射出来的不尽的哲思之美。

哲人说过，生活中缺少的不是美，而是发现美的目光，同样，生活中缺少的不是快乐，而是人们不舍得放下那些束缚我们追求快乐的事物，只有舍得，才会收获快乐。也只有放下无止境的欲望，保持一颗平常心，才能享受阳光雨露，训练自己对幸福的敏感。

人生短暂，因此，大可不必整日忙着追逐功名利禄，金钱、物质等都是带不走的虚无缥缈的东西，只有快乐才是我们应该追求的终极目标。因此，做一个快乐的人吧，尽情地享受生活的乐趣，不管你是贫穷还是富有，聪明还是愚笨，只要你有一颗快乐的心，你的人生就会充满乐趣，就会五彩缤纷。

潇洒立于世，看淡输赢得失

自古以来，人们眼中所谓的英雄，往往就是竞争胜利者，“成者为王，败者为寇”。的确，争赢求胜是人类的天性，但到底什么是输？什么是赢呢？输赢之间，真的是那么绝对吗？当然不是！成败是相对而言的，输赢只是一时，人生如梦，所有的输赢都会以生命的终止而宣布结束！其实，有时，我们一心争赢，赢了反而输了，不信，试着放下输赢，你反而赢了。因为争强好胜让你赢得了斗争，却让你失去了朋友；而放下好胜心，即使你输了争斗，却赢得了友谊。宽容大度的人总能用人格魅力征服他人。

陶渊明之所以归隐田园，就是因为他看淡了人生所谓的输赢和得失，宁愿清静一生，也不愿意与人争斗。

公元405年秋天，为了养家糊口，陶渊明不得不来到离家不远的彭泽县当县令。

这年冬天，他得知，有一位官位高于他的上司要来彭泽县视察，此人极为傲慢，还未到彭泽县地界，就派人吩咐县令来拜见他。

陶渊明虽然心里很看不惯这个上司，但也不得不马上动身，谁知出门前，他的师爷却拦住他说：“参见这位官员要十分注意小节，衣服要穿得整齐，态度要谦恭，不然的话，他会在上司面前说你的坏话。”此时，陶渊明再也忍不住了，他长叹一声说：“我宁肯饿死，也不能因为五斗米的官饷，向这种人折腰。”他马上写了一封辞职信，离开了只当了八十多天的县令职位，从此再也没有做过官。

陶渊明不为五斗米折腰，放下官场，归隐田园，就是一种洒脱，一种放得下的气度！古代，和陶渊明一样，不愿伪装自己而曲意逢迎的人着实不少，李白的“仰天大笑出门去，我辈岂是蓬高人”也是一种写照。然而，以为伪装就能保全自己而最终玩火自焚的也大有人在。

当然，人生在世，人们在意的不仅是输赢，还有得失，人们都渴望得到，而害怕失去，而正是因为人们的这种心态，才导致了他们的患得患失。有人说，生命本身就不是一场完美的戏剧，它始终有缺憾，它给你带来些什么，也会带走些什么，但无论怎样，你都应该潇洒一点。那场无可挽留的爱，你就当成是空中闪过的一道美丽的彩虹，你要学会在自己的情绪里寻求解脱，只要你愿意，你可以勇敢地对已经逝去的彩虹说声“再见”，也可以潇洒地把一切恩怨化作岁月的云烟，于前行里轻松地追逐梦想和信念，只要能坦然面对人生的得失，还有什么让我们畏惧呢？

有个老人，他有个爱好，就是他每天的大部分时间都用来摆弄盆景。

有一天，老人去外地看亲戚，出门前，他告诉儿子一定要细心照看好那些他视若珍宝的盆景。

父亲的话，儿子不敢怠慢，于是，在老人外出期间，儿子很精心地照料着这些盆景。尽管如此，儿子浇水时不小心还是打碎了一个盆景。儿子因此非常害怕，等着被父亲处罚。

老人回来后知道了此事，不但没有责备儿子，反而说：“我栽种盆景是用来欣赏和美化家里环境的，不是为了生气的。”

老人说得好，他种植盆景，并不是为了生气。因此，他的心情也不会因盆景的得失而受到影响。如果无欲无求，了无牵挂，则气无处生。

然而，“宠辱不惊，看庭前花开花落；去留无意，望天空云卷云舒”，这份闲散与安逸，对于现代社会的人们来说，或许真的是一种奢望。要放下人生路途得失成败的压力，还需要我们保持一颗平常心。对“花花绿绿”“流光溢彩”不生非分之心，不做越轨之事，不做虚幻之

梦。面对外界种种变化与诱惑，心不痒，嘴不馋，手不伸，脚不动，宠辱不惊，去留淡然，白天知足常乐，夜晚睡眠安宁，走路步步稳健。总之，拥有一颗平常心，能让我们拿捏好尺寸，把握住幸福。

总之，人生之路，不会总是阳光灿烂，不会总是枝繁叶茂，不会总是掌声不断，也会有高山和荒凉沙漠的阻碍，也会有阴天时的迷雾重重，也会有他人的冷落，任谁也无法轻松地跨越。只要拥有平淡的真实，才会真正懂得品味人生，抒发人生，才会拥有自我，心存淡泊。拥有平淡，才是人生的至高境界，就是你坦坦荡荡，自自然然的快乐。生活中的点滴愉悦，都是生活中的原汁原味。

别在追求无止境的欲望中迷失自己

“贪者，恶之大也。”“祸莫大于不知足。”“非智之不足，非技之不胜，利令智昏，贪婪之心，才是天下祸机之所伏。”贪婪是人性的一大弱点。一般而言，贪婪心理的形成主要是因为错误的价值观念，认为社会是为自己而存在，天下之物皆为自己拥有。这种人存在极端的个人主义思想，是永远不会满足的。他们会得陇望蜀，有了票子，想房子，有了房子，想位子，从不会满足。于是，他们陷入了无止境的欲求之中，一旦自己的欲求满足不了，就开始产生焦虑情绪，又有何快乐可言？

人们常说：“欲望无止境。”的确，尤其对物质欲望、富贵荣耀、名利的追求，更是无穷无尽，而这，很可能会让我们迷失自己。保持一颗平常心，拿捏好尺寸，才能得之淡然、失之坦然，才能控制自己的欲望！

有这样一个故事：

从前，有一户人家，有弟兄三人。

村里人认为老大是个智力不健全的人，已经四十好几了，还没娶妻生子，一个人住在一间破茅屋里，连一件像样的衣服都没有。有人问

他：“你最大的心愿是什么？”他脱口而出：“天天有新衣穿。”

老二则过着小康生活，衣食无忧，但不知道为什么，他偏偏长相难看，结果，他只能娶一个丑陋的妻子。所以，当问到他的心愿时，他就迫不及待地说：“天天娶美妻。”

而老三是个聪明人，会做生意，现在的他已经富甲一方了，当人们问他有什么心愿时，他却毫不顾忌地说：“挖一窖金……”

这是个故事，但从中足可以窥探出人的贪婪之心。“人心不足蛇吞象”，多么贴切的比喻。贪婪之心，就像是一个恶魔，一旦附身，就会让人迷失自己。再仔细想想，其实我们每个人又何尝不是如此呢？读过这个故事，我们都应该好好反思一下了。如果我们能舍弃这些无止境的欲望，想想自己到底需要什么，我们是不是会收获更多呢？

其实，不管你是在温室中成长，还是在困苦中挣扎，欲望都会存在于你的心中，欲望可以成为我们的信念，支撑我们渡过难关，但是欲望也好像鸦片，容易上瘾。皮埃尔·布尔古曾说过：“人们常常听到这样一句话：‘是欲望毁了他。’然而，这往往是错误的。并不是欲望毁了人，而是无能、懒惰或糊涂。”

然而，现代社会中的人们，关于欲望，拿起来容易，舍下却难。生活在商品经济的大潮里，每个人都要努力抵抗红尘世界的诱惑，那些纷纷扰扰的现实，时刻都在迷惑着我们，欲望追求促使人们加快前进的脚步，总觉得不远处的鲜花和掌声正在向我们招手。其实，舍弃这些无止境的欲望也并非难事，只要我们学会关注眼前的幸福，体会人生，去欣赏生活中点滴的美好，我们的心境自然会豁然开朗。可见，有时，我们要懂得享受过程，真正让我们得到满足的也是过程，人的一生同样如此，最美的不是结果，而是人生的旅途。

人不能改变过去，也不能控制将来，人能控制和改变的只是此时此刻的心念、语言和行为。过去和未来的东西都虚无缥缈的，只有当下才是真实的。因此，一个人的生命不管是长久还是短暂，生命过程应该是丰富多彩的，人生的道路应该是宽阔风光无限的，享受过程应该是愉快

幸福的。

一个已经退休的富翁在海边买了一套房子，以安享晚年。这天晚饭后，他在海边散步，看见一个衣衫褴褛的渔翁也躺在附近悠闲地晒太阳，他便好奇地问道："你为什么不打鱼呢？"

"为什么要打鱼呢？"渔夫反问道。

"挣钱买大渔船啊！"

"再以后呢?"

"买了渔船就可以打很多的鱼，然后你就有钱了。"

"有钱了又能怎么样呢？"

"你就不用打鱼了，可以幸福自在地晒太阳啦!"

"我此时不正在晒太阳吗？"富翁哑口无言。

是啊，有时候我们苦苦追求的所谓的幸福与快乐，其实就在眼前，那又为什么不知足呢？生活中的很多人，也许经过多年的打拼和艰苦的奋斗，也会有所成就，但一生非要如此忙碌地拼搏到死吗？其实，享受真正的人生之旅比直到旅程结束还没感受到快乐重要得多。

幸福是一种心境，淡泊宁静，不计较得失，不在乎成败。这是一种睿智的生活态度和生活方式。

我们都是平凡的人，我们不能真正地做到摒弃功利，甚至连哲学家似乎也极不愿意摒弃人性的这一弱点，但功名欲是人类一种不合情理的欲望，我们若想获得快乐，就要少要求一点，只要经常清除自己的欲望，少点欲求，才会少一分焦虑！

别用别人的错误惩罚自己

也许曾经你受过某个人的伤害，也许就在昨天，还有个人在背后诋毁你，你肯定心生不悦，你觉得自己不应该受到这种伤害，甚至怀恨在心，想寻找机会报复。但是你想过没有，你这样做毫无益处，其实，不

放过他人就是不肯放过自己。因为你是否原谅他人，对对方来说根本毫无影响。内心受煎熬和折磨的是你自己，那么，你为何还要这样做呢？

如果你爱惜自己，希望自己幸福、快乐，那么，就请原谅他人吧。其实，原谅别人，你什么都没有做，只是让自己从痛苦中解脱出来。表面上看，归结于你是否宽容，而归根结底，这是一个懂不懂得自爱的问题。在当下，我们避免不了会受到别人的伤害、冤枉，但我们千万不要伤害自己。

从这一点，我们一定要有“舍”的智慧，把他人对我们的伤害“舍”去，才能解救自己。

富兰克林出生在一个世代打铁的工匠家庭，12岁的小富兰克林后来流落到费城，有一个叫凯谋的阴险狡猾的人雇用富兰克林帮他管理印刷厂。当时富兰克林已经是一个熟练工人，他想，既然答应接受了这份工作，就应该尽力做好。于是，他每天教其他工人一些技术，甚至把自己发明出来的制作字模的方法也传授给了他们。

过了一段时间，凯谋发现自己廉价雇用来的工人已经基本掌握了排版印刷技术，于是他开始找富兰克林的麻烦，无端克扣他的工资。富兰克林生气地说：“凯谋，别绕弯子了，你可以赶我走，不过，你放心，我富兰克林不会因为你的卑鄙就传授给他们错误的技术，将来你解雇他们的时候，他们凭借自己的手艺也可以很容易地找到工作。”说完，富兰克林提着行李离开了铺子。

屡次遭受生活的打击和磨难而不愤世嫉俗，富兰克林仍能保持宽容、平和的心态，对别人不斤斤计较，这一点，正是我们每个人应该学习的，学着宽恕吧！遇事记恨别人的人，往往不能从被伤害的阴影中平安归来，痛苦总是如影随形，受伤害的反而是自己。因此，你一定要尽己所能地宽恕别人，这样做正是宽恕自己。

在这个世界上，任何人都会受到他人有意或无意的伤害。人一旦受到了伤害，最容易产生两种不同的反应：一种是怨恨，另一种是宽恕。消除怨恨最直接有效的方法就是宽恕。宽恕必须承受被伤害的事实，要

经过从“怨恨对方”到“我认了”的情绪转折，最后认识到不宽恕的坏处，从而积极地去思考如何原谅对方。

当你觉得某件事情让你无法原谅时，你就产生了一种不平衡的心理，这就是仇恨。如果我们能听从他人的劝解，慢慢将自己的仇恨化解，去原谅别人，听进去别人的忏悔，给对方一个机会，最终宽恕他，自己便会尽早走出仇恨的阴影，见到光明；但如果我们陷在仇恨的深渊中不能自拔，那么，结果必将是使别人痛苦的同时，自己的内心也受到极度的煎熬。

可见，宽容是一种美德，舍弃是一种智慧，舍掉别人对你的伤害，不仅是对犯错误者的救赎，也是对自己心灵的升华。因此，不要总认为对方怎么伤害、得罪了你，给你造成了多少损失，而应该想想这件事值不值得你伤神，想想对方是不是值得你如此发火。他是故意的还是无心的？平日待你如何？给对方一个机会，就是给自己一个机会。对于一些人，原谅，远远要比惩罚有效。也许只是一时的失误，也许只是一闪而过的歪念。人总有犯错误的时候，宽恕他人就是救赎自己！

美国第三任总统杰斐逊与第二任总统亚当斯从交恶到宽恕就是一个鲜明的例证。

杰斐逊曾经是美国总统，在他就任前夕，他来到白宫，他想告诉他的竞争对手亚当斯，虽然他们在竞选活动中是对手，但这并没有破坏他们的友谊。亚当斯却没有给杰斐逊开口的机会，他激动地说：“是你把我赶走的！是你把我赶走的！”

这件事以后，两个人数年断绝来往。

后来有一次，杰斐逊的邻居因为机缘巧合去拜访亚当斯，亚当斯提及了当年这件事，他冲口说出：“我一直都喜欢杰斐逊，现在仍然喜欢他。”邻居把这话传给了杰斐逊，杰斐逊便请了一个彼此皆熟悉的朋友传话，让亚当斯也知道他的深重友情。后来，亚当斯回了一封信给他，两人从此开始了美国历史上最伟大的书信往来。

这个例子告诉那些还在为小事和朋友老死不相往来的人，懂得退让

是一种多么可贵的精神！

因此，学会“舍”，才能有所“得”，善待身边的每个人，深切地理解每个人，相信自己，也相信别人，严以律己，宽以待人，胸怀祖国，放眼世界。这样，我们一定能保持良好的心态和情绪。说到底，决定人心态的是人的理想、人生观、世界观。一个人具有远大的目标，正确的人生观，胸怀的宽广，执着进取，挑战自我，不屈命运，坚信自己，积极思想，那么，他一定能保持良好的心态，拥有美好的人生。

不要活在别人的眼光中

我们任何一个人都知道，人无完人，但对于生活，人们却不能以同样的心态面对，他们总是希望生活可以过得更好，总是认为自己可以获得更多，总是苛求生活。而很多不快乐的人，他们痛苦的根源就是“把自己摆错了位置”，总是按照一个不切实际的计划生活，总是希望自己能成为他人眼中完美的人，于是，他们跟自己过不去，导致整天郁闷不乐。而快乐的人之所以快乐，就是因为他们能正确地认识自己，从而摆正自己的心态，他们懂得享受生活，把握当下。事实上，我们每天可以做自己喜欢的事情，不在乎表面上的虚荣，凡事淡然，不苛求，那么，快乐、幸福就会常伴我们左右。

有这样一个故事：

从前，有一位渔夫，他在打鱼的过程中捞到一颗又大又圆的珍珠，欢喜得不得了，但随后，他又发现，这颗珍珠上竟然有一个小黑点。聪明的渔夫想，如果把这个黑点去掉，那么，这颗珍珠一定价值连城，于是，他不断地剥珍珠，但黑点仍在；再剥一层，黑点还在；直至剥到最后，黑点没有了，但珍珠也不复存在了。

其实，黑点的存在才是珍珠的真实状态，黑点只不过是个小瑕疵，这正是它的可贵之处。而渔夫却苛求这种真实，在他消除了所谓的不足

时，美也消失在他过于追求完美的过程中了，珍珠真正的价值往往不在于它的完整，而在于那一点点的残缺——如同丧失双臂的维纳斯，给人无限遐思。

现实生活中，我们每个人都不应该过分苛刻地要求自己，更不要活在别人的眼光中，正如但丁所说："走自己的路，让别人去说吧。"如果你时时关注自己在他人眼中是否足够完美，那么，你最终会殚精竭虑、身心俱疲。其实，生活的目的在于发现美、创造美、享受美，而不在于发掘它的闪光点和长处，就难以找到真正的美。

然而，遗憾的是，在这样一个讲究包装的现代社会里，人们常常禁不住羡慕别人美丽、光鲜的外表，从而对自己的某些欠缺自惭形秽，导致了内心的苛刻与紧张。其实，没有任何一个生命是完美无缺的，每个人都会缺少一些东西。

比如，我们发现，有些夫妻恩爱、收入颇丰，但苦于一直没有孩子；有的年轻女士才貌双全，但情感的道路上却充满坎坷；有的人家财万贯，却被病痛折磨……每个人的生命，都被上苍划了一个缺口，你不想要它，它却如影随形。因此，对于生活中的缺失和不足，你不妨宽心接受，放下无谓的苛求和比较吧，这样反而更加珍惜自己所拥有的一切。

生活中，我们常常听到大人们教育孩子："不要过于自我，要一视同仁。"在这种情况下，许多人学会把自己包装起来。但这样做真的有用吗？

我们再来看一个好学生的日记：

聪明、听话、成绩超棒、老师们都喜欢我……从小，我就是听着周围这样的赞扬长大的。周围的同学都很羡慕我，可又有多少人知道，我更羡慕他们。我知道自己并没有他们说的那么好，只是我比他们善于伪装。

有时，我也想放下伪装，和他们一样疯玩一阵，直到大汗淋漓才停下来休息。小学里，下午第二节课后有长达半小时的课间，教室里只

能留下值日生，其他人都到操场上活动。老师不允许我们剧烈运动，回教室若看到谁面红耳赤、气喘吁吁，便让他站在门口，直到恢复平静才能进教室。尽管如此，同学们依旧先疯玩20分钟，剩下10分钟休息。而我，每次捧一本书坐在一边，却看不进什么东西。其实我也想和他们一起玩，但是我害怕。我害怕同学们说“好同学也不过如此，只会在老师面前装乖”，我害怕老师说“一点好学生的样子也没有”。每次听着老师的表扬、同学们的羡慕或不屑之词，我一阵苦笑。

有时，我也想放下伪装，在周末好好休息，不往返于各种提优班之间。从小学三年级起，妈妈就问我是否要去上英语提优班。我真的不想去，其实我的英语学习才刚刚开始，我可不想基础还未打好就拼命跑。但是，我“很高兴”地答应了，妈妈也很高兴地为我报了名。于是，我越来越多的时间花在上课和写作业上。纵然心中很无奈，但我知道我没有拒绝的权利。与其被动接受，不如主动迎接，这样起码妈妈是开心的。

有时，我也想放下伪装，轻轻松松地学习，无论成绩如何，不受其他人的过度关注。每次考试，我都会尽心尽力，我的成绩与名次受很多人的关注。我不敢有丝毫懈怠，不敢让自己的成绩下滑。每次考试我的成绩都很好，父母也很高兴，我看上去也很高兴，可只有我自己知道内心的苦涩。

可能这是很多学习成绩优异的孩子的心声，在荣誉的光环下，他们不得不变成父母、老师眼中的乖孩子，但他们内心的苦涩、累、害怕失败，只有他们自己知道，也许，他们失去更多的是真正的快乐。

诚然，现实生活中，我们不可能毫无顾忌地做真实的自我，毕竟，人们常说，做人不能太单纯，应该懂得适度伪装自己。同样，缺乏做人“心机”的人不仅没有内涵，还没有成功的欲望，只能明里吃亏，暗里受气，千疮百孔，一辈子翻不了身。但为了让自己的心灵释压，让自己快乐，你不妨放下伪装，做回真实的自己，你会发现，原来，你也可以不受束缚！

第 02 章

“舍”是一种付出，用你的真心“得”到真意

我们都知道，人有社会属性，作为人，我们谁都不能避免与别人交往，与人交往是人类生存的基本条件。人类的心理适应，从某种意义上来讲，很大一部分就是对人际关系的适应，人类的心理病态，主要是由于人际关系的失调导致的。而建立良好的人际关系，赢得别人的好感，也需要心灵沟通。我们若想交到朋友，就不能一味地索取而不懂付出，友情之树需要我们不断地浇灌才能茁壮成长，并且，当朋友需要我们的时候，我们一定要主动站出来，为其排忧解难，让其深信友情的可靠。

懂得付出，真心才能换来真爱

从古至今，关于爱情就被那些文人墨客浅唱低吟得经久不衰。行走之间，见惯了那些痛彻心扉，刻入骨髓的情爱。的确，爱情应该是一种很美妙的东西，因此才会有那么多人不断地追求与向往。爱情也应该是人世间最美好的一种情感，所以才会让人品味到一种难以言明的幸福。爱情应该有超强的磁力，所以人们不惜耗尽一生的精力去追求那种至纯至美的爱情。人的一生不能没有爱情，一份美好的爱情，就是让人学会如何舍得真心，如何学会付出。只有舍得付出真心，才能换得真爱。

生活中，人们常说："有付出才有收获。"其实，爱情又何尝不是如此呢？付出也是一种舍得，假若爱情是春天里即将绽放的花蕾，那么，它就需要你舍得用自己的爱心去呵护它、灌溉它，只有这样才能看到它娇艳的真心。假若爱情是一首动人的歌，那么，你只有用真心去感知、体验它的旋律，才能听到它内在的故事。假若爱情是一幅多彩的画，需要你舍得自己的精力，去构思它、描绘它，只有这样才能看到它亮丽的真心。我们每个人在爱的旅程上，注定要体会一些快乐与悲伤。只有舍得付出真心，才能看到她/他对你的真心。我们先来看下面这样一则爱情故事：

从前，有个书生，他的家人为其选了一个好日子迎娶未过门的妻子。

但很不幸，就在婚礼的前一天，他的未婚妻托人给他捎来口信，她要嫁给另一个人。书生当时听到这一消息，简直无法接受，这太荒谬

了，心理承受能力很差的他无法面对这一现实，最终一病不起。尽管他的家人为他遍访名医，但没有人能治他这个病。

眼看着年纪轻轻的儿子快要死了，他的家人着急得不得了。这天，他的家中来了一个僧人，见此情景，他准备为书生指点一下迷津。

僧人来到书生床前，从自己的布包中掏出一面铜镜。镜子里出现了这样一幅画面：

大海边，一个女子躺在沙滩上，定睛一看，这名女子已经被害。这时候，走过来一名男子，看了一眼，摇摇头走了。接下来，又走来一个人，他脱下自己的衣服，将女子的尸首盖上，然后又走了。接下来又走来一个人，看到女子尸首后连忙挖了个坑，小心翼翼地把尸体掩埋了。

看到这一幕，书生很是疑惑，他不知道僧人要表达什么。接下来，僧人又给他看了另外一幅画面，画中女子正是他的未婚妻。一下子，他来了精神，赶紧坐起来，原来他的未婚妻正和别人“洞房花烛”呢。

书生更迷糊了，看到他疑惑的表情，僧人解释道：“人世间，万事万物，都是有渊源的，海滩上那具女尸，就是你未婚妻的前世，而你就是那个第二个出现的路人，那时候，你只舍得给他一件外衣。那么，她今生注定只会和你相恋。而她现在的丈夫却是第三个路人，他真心舍得付出更多的无私。所以，他们今生注定会携手一生。你吝于付出更多的真心，今生又怎能换得她的真心呢？”

这个故事告诉生活中的每个人，爱情路上，一味地渴望得到、索取是不可能收获真爱的。的确，当你拥有爱情的时候，可能觉得也不过如此，根本不知道自己其实深爱着对方，但是往往在失去后才明白原来他对你那么重要。你要明白的是，爱情是需要争取的、付出的，爱上一个人，只要一分钟，忘记一个人却需要一辈子，就像一句歌词“有多少爱可以重来，有多少人值得等待？当懂得珍惜以后回来，会不会还在……”不免有些凄凉。一生当中也许会遇到很多爱你的人和你爱的人，但无论怎样，遇到了你生命里的爱人，就要懂得珍惜，任

何一段感情，都经不住你源源不断地索取，所以，我们也要学会为爱情付出！

什么是爱情？爱情就是两个人在相识或者相处的过程中产生的“爱”与“情”，而要维护这份爱情，就必须学会真心地付出，用真心换取真心！然而，我们发现，生活中有这样一群人，他们觉得爱情就应该是一本万利的事，利益心太重，不舍得付出，生怕得不偿失，这样吝于付出的人又怎能得到真正的爱情呢？要知道，你不舍得付出真心，你的爱情注定不会长久，总有一天会走到尽头。

其实，那些吝于付出真心的人，并非因为他们没有真心，而是在爱情这条征途上，要不求回报、无私地去付出真心真的很辛苦。然而你是否想过，当你无私地去为她努力而让她感动时，你将多么兴奋啊！当你无私地去为她付出而看到她脸上灿烂的笑容时，你将多么富有成就感啊！

总之，一个吝于付出的人，很难得到真爱。爱，不是被爱，也不是等待，爱是舍得把自己交出去，然后才能得到真心。舍得付出，用真心换你心。

精彩的人生是奉献和付出

我们从出生那一刻起，就在不断地向他人、向社会索取，我们索取的不仅有父母的爱、老师的教诲，还有恋人的真情、朋友的帮助等，但我们又何尝反省过自己呢？长期以来，你是否发现，你周围的知心朋友越来越少？你的恋人也因为你的自私而离你而去？你的同事甚至不愿意与你共事？其实，这都是因为你不想付出、只愿索取。哲人曾说过：“精彩的人生是奉献和付出的人生，只有乞丐才会去不断地索取。”的确，世间绝没有无付出的回报，也绝没有无回报的付出。一个人付出的多少，决定了他成就的大小。

刘备急需有才能的人，在荆州时，听杨庶说：“在偏远的山上，有一位圣人，姓诸葛，名亮，你去见见他吧。你必须亲自相见，才能打动先生”，刘备就去找诸葛亮，请他出山。

不巧的是，这天，诸葛亮出门去了，刘备只好失望而归。

过了几天，刘备带领关羽和张飞冒着风雪又去了，不巧的是，诸葛亮又去远游了。急性子的张飞不高兴了，嚷嚷着要回去，此次，刘备只好留下一封信，表达了自己求贤若渴的心情。

过了一些时候，刘备吃了三天素，准备再去请诸葛亮。关羽劝说，也许诸葛亮并没有人们说的治理天下的本事，只不过是故弄玄虚而已。张飞建议，要是诸葛亮再不见，就用绳索把他捆了绑来。刘备把张飞责备了一顿，又和他俩第三次拜访诸葛亮。三人第三次来到隆中，离草屋还有半里多地，刘备便下马步行。这时，诸葛亮在午睡，为了不打扰他，刘备恭敬地在台阶下等候。

张飞见了，很生气，想发火，但控制住了。诸葛亮醒来，见刘备三顾茅庐，诚心诚意，才彼此坐下谈话。诸葛亮见刘备有志替国家做事，而且诚恳地请他出山，就全力帮助刘备建立蜀汉皇朝。

刘备三顾茅庐，为什么最终能打动诸葛亮？就是因为他付出了真心，于是诸葛亮倾尽自己的智慧帮助刘备打江山。这也就是刘备能在群雄纷出的乱世中立足并最终建立蜀汉政权，与曹操、孙权并足的原因。

当然，为他人真心付出，不仅需要我们用“三寸不烂”之舌去说动听的话，还应该付诸行动，动听的语言固然可以愉悦人的耳朵，可是却不能打动一个人的心，只有给别人真正的实惠，才能和别人深交。因此，生活中，与人交往，要善于发现别人的困难，然后给予帮助，主动付出是建立友谊的开始。这样，你的人际关系自然会好起来，你的生活圈子里有许多你曾帮助过的人，你还担心自己不会成功吗？

韩信在很小的时候父母就去世了，那时候，为了生存，他就去淮水边上钓鱼，以换取几个钱买食物。但若钓不到，那就只能饿肚子。

当时，在淮水边上，有个经常来漂洗丝絮的大娘。当她看到饿得奄奄一息的韩信时，她就将自己的饭菜分给韩信吃，韩信很感动，他告诉老大娘，日后他一定加倍报答。但没想到老大娘却很生气地说："我是看你可怜才送饭给你吃，哪图什么报答！"

后来，韩信成为汉高祖刘邦的得力干将，为汉高祖得天下立下赫赫战功，与张良、萧何合称"汉兴三杰"。楚地本是韩信的故乡，他有恩报恩；设法找到了当年那位老大娘，对她谢了又谢，送给她一千金作为报答。

漂母当初出于慈悲心，将自己的饭分给韩信吃，却得到了发达后的韩信的重金酬谢。这就是"一饭之恩"的故事，告知人们要知恩图报，但从另一个意义上来讲，我们要想得到别人的"报答"，首先要"付出"，尤其是对于那些需要帮助的人。此时，你若伸出援手，他日等对方冲出困境时，必定会对你感恩戴德。如果对别人漠不关心，麻木不仁，小心吝啬，怕招惹麻烦，交往很可能因此而终止。

我们每个人，都是独立的自我，但同时，我们的身边，还有朋友，还有共事者，我们不可能脱离集体而存在，为此，我们在向社会、他人索取的同时，也要学会奉献、懂得感恩！身为未来社会的接班人，我们要明白，有时候，真正的成功，并不是财富的集聚，而是精神世界的富足。懂得付出，懂得为他人和社会牺牲一点个人利益，必定会得道多助的。

付出等于积累人脉

我们知道，在一个关系型社会，人与人之间的关系多是以"情"为纽带联系在一起的，求人办事，如果有人脉，那么，就会顺利得多。俗话说："在家靠父母，出门靠朋友。"多一个朋友多一条路。我们若要想得到别人的回报，就必须先积累人脉，他日，才可以让人脉为己所

用。要想人爱己，己须先爱人。只有时刻存有乐善好施、成人之美之心，才能为自己多储存些人脉的债权。生活中，我们都明白人们为什么购买保险和基金，这也是一种投资。

刘云是某电器公司的销售部经理，在他所在的城市，他几乎垄断了几家大型公司的电器市场。

当下属问及“刘经理是怎么做到”的时候，他说：“其实做法很简单，那就是对这些公司的重要人物经常施以小恩小惠，然而，我要巴结的不仅是这些高层董事，对于那些地位稍低的底层干部甚至普通员工，我们也要维系感情。”

接下来，刘云说：“联络他们，也要有的放矢。在‘行动’前，一定要先调查清楚你所打交道的人的学历、人际关系、工作能力和业绩，作一次全面的调查和了解，当判断这个人是个潜力股，日后可能有所成就时，你就要记住，不管他有多年轻，你都要尽心款待。”的确，刘云明白，这样做，虽然暂时看起来会比较亏，但这却是播种人情这颗种子的最佳方法。

刘云是这么想的，也是这么做的。现在，无论哪行哪业，都有他的朋友。在这些朋友中，有谁晋升了或者加薪了，他都会第一个帮其庆祝，当对方感谢他时，他却说：“我们公司取得了现在的市场和成绩，完全是靠贵公司的抬举，因此，我向你这位优秀的职员表示谢意，也是应该的。”这么说的用意是不想让这位朋友有太大的心理负担。其实，几乎他的所有朋友都认为他是个大好人，因此，他的业务总是源源不断！

这位销售经理采用的就是放长线钓大鱼的策略，果然“姜还是老的辣”，这也揭示了：一个人只有懂得付出，才有回报。只懂得向社会索取，而不懂得奉献的人，是迟早被社会抛弃的。人际交往中，你的心地越是无私，越是慷慨大方，越是毫无保留地与别人交往，你获得的回报就越多。

然而，我们生活的周围，总有这样一些人，他们总是抱着“临时抱

佛脚”的态度，平时对朋友不理不睬，也不联系朋友，到了关键时刻就希望朋友来帮忙，朋友又怎能伸出援手呢？更有一些人，他们平时不仅不为朋友两肋插刀，反而在关键时刻落井下石，这种人吝啬付出微弱的同情和丝毫的给予，只希望从别人那里索取。这种人大多会被抛弃，没有人愿意再给他帮忙，时间一长，即使他意识到了自己的自私，但他却在一步步堵死自己所有可能的路，同时也在拒绝所有可能的帮助。

因此，我们要学会用长远的眼光看问题，交友处事也是如此，友谊之花，须经年累月培养；做人做事，不可急功近利。万事求人难，其实，用人脉打通关系不是立竿见影的方法，这需要有预见性的感情投资，并耐心等待，办事时才会成功。为此，我们可以从身边做起，帮助那些困境中的人。例如，生活中，人人都会遇到一些困难、矛盾和问题，都需要别人的关心、爱护，更需要别人的支持、帮助。如果我们能主动关心、帮助他人，从自己做起，从小事做起，从现在做起，那么，你就能随时随地得到他人的帮助，感受到社会的温暖。从这个意义上讲，“助人”也就是“助己”。

人脉需要投资，需要积累，还有一个含义，那就是它是一个循序渐进的过程，而不是一次性的，也就是说，不要把好处一次性给尽，要有长远的眼光，要做到一点一滴地给，做到不露痕迹，让对方感受到你的好，才会心存感激。为此，我们在人脉投资的时候，需要掌握以下一些要领：

（1）注意照顾对方的面子，在语言或者行动上切勿太过直白和张扬，而应在不显山不露水间做到，从而体现你的善解人意和细心。

（2）感情投资一次不可过多，对方若还不起你的感情债，必会觉得心里有愧而有意疏远你。

（3）要学会看对象，对那些懂得知恩图报的人进行感情投资。有些人像狼一样喂不饱，你帮他的忙，说不定还会被他反咬一口。

当然，究竟怎样去结得人情，并无一定之规。总之，我们可以在关键时刻替自己积累一些人脉，当自己有困难的时候说不定就能得到别人

的回报。雪中送炭、口渴喂水，对身处困境中的人仅有同情之心是不够的，应给予具体的帮助，使其渡过难关，这种分忧解难的行为最易引起对方的感激之情，进而形成友情。

总之，我们需要明白的一点是，你从别人那儿获得的任何东西都是你原先付出的东西的回报。与人交往，你付出得越慷慨，你得到的回报就越丰厚；反过来，你越吝啬小气，你得到的就越微薄。当然，如果不是真心地付出，那么，你收获的也只能是一条浅浅的溪流，而不是宽阔的大江。

付出时不要总想着回报

《易经》：“所谓善人，人皆敬之，天道佑之，福禄随之，众邪远之，神灵卫之；所作必成，神仙可冀。欲求天仙者，当立一千三百善；欲求地仙者，当立三百善。”真心的付出，是心地纯洁、没有恶意，是看到别人需要帮助时毫不犹豫地伸出自己的援助之手。因此，生活中的每一个人，在为他人付出时，不要总想着回报，也不要因为没有回报或回报甚少而不愿对他人付出。因为懂得付出的人，不求回报也是富有的。为他人付出，可以使人在精神上产生愉悦和快乐，尤其是得到称颂的时候，会产生慰藉和满足的感觉。实际上你在做好事和益事时，不管是有意还是无意都会聚精会神地投入。此时此刻脑海里会排除杂念和私欲，心灵会得到锤炼和净化。长期如此，当然有利于身心健康。

从前，有个心地善良的人。这天，他看到一只蝎子掉进了水里，他赶紧伸手去救那只蝎子，谁知道，那只蝎子居然狠狠地蛰了他一下，他疼死了。

被蛰以后这个人下意识地松了一下手，蝎子又掉进了水里。这人一看，赶紧又伸手去救蝎子，结果，蝎子又蛰了他一下……旁边的人看见

了，都说这个人很傻，不明白他为什么几次被蛰，却还要救那只可恶的蝎子，他是这样回答的："我当然还要救它，因为我们都知道，蜇人是蝎子的天性，这很正常。可对于我来说，救人是我的天职，所以，我不能因为蝎子蜇人的天性而放弃我救人的天职呀……"

生活中，像故事中救蝎子性命的人能有多少？可见，不是所有人都能不计后果地对人付出。但真心为他人付出的人，他们的人格是高尚的，是令人敬佩的。他们在帮助他人的过程中，虽然没有得到他人的回报，但心灵却得到了升华。

然而，一个人若想真正做到无私地对他人付出，首先必须具备善心。

在美国，有个叫亨利的著名作家，一次，他的侄子来他家做客，他们谈到了善良这个话题。

他问自己的侄子："你知道什么是善良吗？"

侄子点点头，说："我知道，可是我不知道怎么表达。"

亨利微笑了一下，然后继续问："你知道什么是人生中最宝贵的东西吗？"

侄子说自己知道，他说，人生中宝贵的东西有很多，比如金钱。

听到侄子这么说，亨利摇摇头，最后说道："在人的一生中，有三种东西是最宝贵的，第一是善良，第二是善良，第三还是善良。"

善良是什么？善良就是一种无私的付出，与人为善是人类永恒不变的天性。

当然，为他人付出并不是停留在口头上，而是要付诸实践。平素人们都说德行，何为德？何为行？德是个人的高尚情操，是先天品赋，但并非所有人生下来都具备好的品性，故后天需要扎扎实实地修养，也就是行，所以德需要行，才能为善，不然的话，德就是一个空洞的东西，未能为善的德只能是伪善。行是行为，善是无私，行为的无私就是行善，积德是行善的必然结果，与对方没有关系，利于别人的行为与思想就是善！

另外，为他人付出要从生活细节开始。“勿以恶小而为之，勿以善小而不为。”诸葛亮《诫子书》表明冲动和暴躁未能成为德。我国画家启功先生就是一个在生活中与人为善的人。

一次，启功先生到北京琉璃厂调研艺术品市场。

当他们闲逛时，有个工作人员发现在古玩市场的地毯上，摆了大量所谓的启功的书法作品，明摆着，这是赝品。

有个人问启功：“启老哇，你有什么办法来甄别这些作品的真假呢？”

听到有人这么问，启功大笑起来，然后说：“一百年以后，比我写得好的，就都是真品了！”

启老的这番话，虽然简短，却意味深长。

启功虽然是名人，但他最怕虚度时光，他常常激励自己要在有限的生命中，作出更多的奉献。然而，常常有人慕名前来请求写字作画，以致影响了他的正常学习和研究，他又不便直接拒绝，因此，他在创作、研究或身体不适的时候，门上就挂个牌子，上书：“大熊猫病了！”来者看到便禁不住莞尔一笑，虽吃了闭门羹，但仍感到轻松快乐。

一次，一个朋友出于好心，给他请了一个气功师为他治病，治病前朋友曾对启功说气功师的功力如何如何了得，治疗的时候，气功师把手压在启功的膝盖上，运气发功后，朋友问启功有什么感觉，启功并没有感到什么异常，但他知道朋友是想让他说酸麻胀热之类的话，可是，他没有感觉到啊？他不想拂朋友的好意，就装作很认真地说：“有感觉！我感觉有一只大手罩在了我的膝盖上……”听了他的话，大家都乐不可支。

这里，我们看到了一个老艺术家不但在艺术上取得了非凡的成就，而且在心灵上也步入了大彻大悟之境，生命中充满着一种“身心无挂碍，随处任方圆”的大气和洒脱。他的一番话虽然令人捧腹大笑，但表达的却是他处处替人着想的那一份善良。

赠人以花，手有余香！愿意为他人付出的人，从来都被认为是正直

的、善良的。当我们怀着一颗真诚之心善待我们身边的每一个人时，我们收获的也是真诚与善良，当然，还有浓浓的爱！

因此，生活中的每一个人，都不要把眼光放在蝇头小利上，更不要过于计较，其实，得失心太重，反而会舍本逐末。为社会和他人牺牲一点利益，是心存善念的表现，这种利他的做人原则必当成为你人生路上的指明灯，助你追求人生的新高度！

舍得把“名声”送给别人

自古以来，名利就像一个明星一般，让人们锲而不舍。而对于好面子的中国人来说，名声显得尤为重要。生活中，很多时候，一些人在拥有了一定的财富之后，都会采取一定的手段来提高自己的知名度；有些明星，为了出名，甚至不惜制造绯闻，这就是名声的重要性。而在与人交往的过程中，假如一个人愿意把光彩转让给他人，那么，在朋友们眼里，他就很会做人了。这样的人，往往在人际交往中如鱼得水，而那些说话做事不经过大脑、不知道转让光彩的人，自然失道寡助。因此，如果我们能想方设法让别人获得名声，那么，你会收获更多。

众所周知，安德鲁·卡内基是美国的“钢铁大王”，但他小时候，家境却非常贫寒。他们全家从英国移民到美国之初，生活十分窘迫，根本读不起书。但即使没有书读，他生活得依然十分快乐。

一天，一个朋友送给他一只小兔子。很快，这只母兔子又生下了一窝小兔子。卡内基高兴极了，但很快，他又难过起来，因为他没有钱给这些小兔子买食物，自己的温饱都还是问题，这些小兔子可怎么办呢？

怎么办呢？卡内基是聪明的，一番思索之后，他想到了一个办法：他召集了所有小伙伴，然后请大家一起来喂养这些兔宝宝。喜欢小动物是孩子们的天性。卡内基发现这一点后，便和朋友们做起了交易：谁愿意拿饲料喂养一只兔子，这只兔子就用这个小朋友的名字命名。卡内基的“认养协议”很快得到了大家的认同。于是，这些小兔子都有了好听的名字，卡内基担忧的饲料难题也迎刃而解。

这次经历给卡内基一个深深的启示，原来人们都喜欢自己的名字被人知道。

当卡内基取得了一定的成就之后，一次，为竞标太平洋铁路公司的卧车合约，他与商场老手布尔门的铁路公司掰手腕，双方都希望能成功获得合作机会，自然谁也不让谁，于是，他们不断降价比拼，最后到了无利可图的地步，但还是不肯松口。

后来，卡内基偶遇布尔门，尽管之前他们闹得不愉快，但看到老熟人，卡内基还是微笑着伸出手，主动向布尔门打招呼：“我们两家如此恶性竞争，真是两败俱伤啊！”接下来，卡内基很坦诚地表示：尽释前嫌，合作奋进。布尔门听卡内基这么一说，很是欣慰，但对于合作的事，他并没有多大兴趣。

为此，卡内基觉得很奇怪，布尔门为什么不合作呢？于是，他追问原因，布尔门并不愿意回答，而是神色怪异地问：“合作的新公司叫什么名字？”

啊！卡内基终于明白了。原来，布尔门考虑的问题是——谁才是老大？此时，他想到了当年认养兔子的事，才恍然大悟，然后，他赶紧补充道：“当然叫‘布尔门卧车公司’啦！”布尔门简直不敢相信自己的耳朵，而卡内基又准确无误地重复了一遍。

于是，冰释前嫌，强强联手，签约成功，双方从中大赚一笔。

当然，历史常常开这样的玩笑，淡泊名声的人往往出了名。现在全世界都知道“钢铁大王”卡内基，又有几个人知道布尔门？

从卡内基的两次经历中，我们发现，有时候，相对于“利”来说，人们更在乎“名”，只要我们能满足他人在这一方面的需求，舍得把“名声”送给别人，那么，对方是心甘情愿赠还我们“利”的。另外，

人际交往也是如此，把“名声”让给他人，也是付出的一种表现，笼络人心的一种方法。我们不难发现，那些人际关系良好的人，都懂得“放长线钓大鱼”，懂得放弃一时的“名声”，获得更长久的友谊。

陈苗是某大型外企采购部的一名职员，平时工作勤勤恳恳，领导对其印象不错。

一次，总公司下达了一个采购命令，预计2000万元购进一批钢材，正当采购部经理准备去钢材厂提货时，陈苗突然想到了另一种采购方法，可以节约200万元，因为公司以前在建筑工地的好多钢材一直闲置。采购部经理听完，很感激陈苗。但是，陈苗却没有把功劳记在自己名下，而是以领导名义申报的，在公司大型聚会上，他对领导和广大员工说：“我真的太钦佩领导的智慧了。”因为他的名言是：“领导第一，才有利益。”最后的结果是领导得了荣誉，陈苗得了奖金。两人的关系更亲密了。半年后，领导退休，主动推荐陈苗接手自己的工作。

很明显，陈苗是个聪明的下属，他把名声给了领导，为领导挣到了面子，领导自然会感激他、信任他，一旦有升职的机会，自然第一个想到他。而实际上，职场中的有些人，他们经常犯下这样的错误，他们从不放过任何表现自己的机会，甚至和领导抢镜，结果让领导失了面子，一些心胸狭隘的领导会为此怀恨在心。

当然，在让出名声的时候，我们不要轻视对方的智商，不要赤裸裸地把名声强加给对方，造成张冠李戴的尴尬场面，那样只会弄巧成拙，招致对方的怨恨。而且，在你把名声让给对方的同时，千万不可到处宣扬。否则，会让人误以为你别有目的。

总之，无论何时，我们都要记住一点，人际交往中，我们要懂得，不仅要有物质方面的付出，更要有精神方面的付出，舍得把名声送给别人，就是为了满足他人的虚荣心。这样做，不仅不会损害自己的“身价”，而且会取得对方的信任和支持，何乐而不为呢？

做“分外”事，才会得到“分外”的回报

生活中，你是不是经常遇到这样的情况，上班时间，突然收到一个老板的快递，但老板不在，签还是不签？朋友最近经济状况出了点问题，他并没有找你借钱，但你帮还是不帮？看到会议室的材料掉在地上，你是捡还是不捡？诸如此类的“分外”事随时都有可能发生，你是做还是不做？

可能很多人会这样回答：当然不做，既然是“分外”事，何必多此一举？但你是否发现，那些被老板提拔的人都有一个共同点：他们对工作始终充满着热情，只要有闲暇时间，就不会对别人说“不”；那些人缘好、处处受人欢迎的人，总是对他人仗义相助；那些成功人士，都因为机缘巧合而有贵人相助。其实，无论是职场还是人际交往中，只有学会揽一些“分外”事，你才有可能有“分外”的收获，因为通常来说，真正能打动他人的，往往是那些无心之举。我们先来看下面这个财富故事：

曾经有一个年轻人，他在一家小旅馆当服务员，一直勤勤恳恳地工作。

这天晚上，一对老夫妇来开房间，但旅馆已经没有空房间了，这下，老夫妇犯难了，因为他们真的没有地方去了。怎么办呢？

年轻人很爽快地让老夫妇睡自己的房间，正好自己值班，然后，他将自己房间的床单和被褥都换了，自己则趴在柜台上睡了一夜。

第二天，老夫妇看到这种情景很感动，认为这个年轻人很善良。他绝对没有想到这对老夫妇就是希尔顿饭店的老板，而且没有子女，于是他做了希尔顿家族的接班人。

这个年轻人居然能从一名旅店服务员跻身于上流社会，与这对老夫妇的带领和引荐不无关系，继而成为希尔顿酒店的接班人，当然，这是

机缘巧合，但却告诉了我们一个道理，人际交往中，我们若想得到“分外”的回报，就不要总是置身事外，而是多做一些“分外”事。

当然，在“分外”事上，并不是付出了就能得到相应回报，但我们也不必因噎废食，不妨把它当作一次善举，也可以当作对自己的磨炼，毕竟这远比在电梯里与老板、上司寒暄成功率大。

的确，人际交往成功的一大益处就是为自己赢得人心，赢得了人心，有利于我们在交往中左右逢源，好人缘能为我们所用。因此，智慧的人多半会在生活中广结善缘，通过帮助他人来为自己赢得人心。乐于助人，会不断增加感情账户上的储蓄。在工作上，在生意中，在交际时，对别人多一份相知，多一份关心，多一份相助，当你求人办事时，谁又能忍心拒你于千里之外呢？当然，即使做“分外”的事，我们也要学会量力而行，答应别人无法办到的事，不但无法赢得人心，还会让他人对你心生厌恶。

小张毕业后就职于一家银行。

一天，昔日的老师来找他，说自己想开公司，但缺少资金，问小张能不能帮忙贷款。小张心想，无论怎样也要帮老师这个忙，不然太没面子了，于是，他立即答应。但事实上，他才毕业，在银行根本没有多少说话的资历。再者，他的老师要求的贷款程序根本不符合程序。所以，当他的老师向他询问贷款一事时，他却说无法兑现承诺，这让他的老师很生气，责备他说：“你这不是捉弄我吗？你即使不想帮我，也不该害我！”他能说什么呢？错本就在他。

可以说，这位年轻人完全是在帮倒忙，给自己造成了不良的后果——自讨苦吃，对方不仅不会感激你，还会怨恨你。帮助他人，首先，我们要做到量力而行，否则，当诺言无法兑现时，就会给人留下一种不守信的印象。古人云，轻诺必寡信。这不仅是一个主观上守不守信的问题，也是一个有无能力兑现的问题。一个人经常承诺自己无力完成的事，当然会使别人一次又一次失望。为人办事、帮忙，一定要有把握，当你树立了一种守信用的形象时，会获得越来越多人的信任，因而赢得越来越多的机会。这就好似拥有了一座金矿。反之，缺此一条，即使其他方面再优秀，也难成大器。要树立守信的形象并不容易。最要紧的一点是：别答应你无法兑现的事。

小方有个爱吹牛的毛病，经常在同事面前吹嘘自己后台硬，在房管所有熟人，能办房产证。他的同事一听，信以为真，便交给小方一定数额的钱，让小方帮忙办理。多日后，当大家询问结果时，他却说：“近来人家事儿太多，再等等。”几个月过去了，同事们对他的办事能力产生了怀疑，便向他要钱，他找理由说：“谋事在人，成事在天。懂不懂？你的事儿虽然没办成，可我该跑的地方跑了，该请的人请了，你们不能让我自掏腰包吧？”言下之意，钱没了。

从此以后，再也没有人相信小方的话了，以致大家后来聊天时一看到小方来了，都躲得远远的。

可见，真正想让你的“分外”之举被他人感激，还要看你是不是真的帮助对方解决了问题。我们一般崇尚“一言九鼎”“落地砸坑”的直爽性格，而不喜欢拐弯抹角，更讨厌貌似有口无心、直言快语，实则机关算尽、言而无信的滑头。我们对别人的每一个帮助都是对其品质的检验，每一项承诺都是对其人格的担保。因此，一定要谨慎对待我们对别人所做的每一件事。

因此，人际交往中，我们应该具备利益心与长远的眼光，当有人需要我们帮忙时，即使是我们的“分外”事，也一定不要袖手旁观，但同时，我们也应当量力而行，如果没有能力做到，最好免开尊口！

多替他人想想，好人缘自然来

有一些人，无论在生活中还是工作中，似乎都能得道多助，如鱼得水。也许我们会惊叹，他们的好人缘来自哪里？其实很简单，因为他们总是那么贴心、总能替他人着想，也就总能打动他人的心。的确，希望

得到别人的关心和注意是人的一种正常需要。人都有情感，都会受到周围环境的影响，我们若能对他人主动付出真心，多为他人着想，何愁没有好人缘呢?

俗话说，“种瓜得瓜，种豆得豆”。如果你种下善因，获得的必然是善果，也就是说，善解人意的人们，如果你常常为他人着想，那么，在某个关键时刻，他人就会很自然地为你着想。然而，当自私占据内心的时候，种下的便是恶果。

陈婷婷是一家大公司的小主管，负责采购一些日常用品。有一次，公司采购部的车出了问题，而恰巧总经理的专用车停在附近，出于方便，司机刘师傅准备载她一程，就这样，她第一次坐刘师傅开的轿车。当时正值上下班高峰，路上交通拥挤，而陈婷婷还赶时间，刘师傅也着急得不得了。这时，陈婷婷开口安慰刘师傅道：“刘师傅，这么多年，你每天都在这样的交通状况下负责经理的出行，真是很辛苦啊！”想不到这句关心之语，使刘师傅非常高兴。因为他做这份工作已经十年了，十年来，连经理都没跟他说过一句：“辛苦了。”刘师傅感动得不得了。后来，刘师傅在私下里经常主动帮陈婷婷的忙，在陈婷婷荣升为采购部经理一职时，他还时常夸奖陈婷婷体恤下属、慧眼识英才等。

案例中的陈婷婷，之所以会与刘师傅结下良好的关系，就在于一句简单的关心：“辛苦了。”生活中，我们每个人都在为自己的工作忙碌着、辛苦着，我们都希望自己能得到他人的理解、肯定和关心，如果有人能对我们说出“辛苦了”三个字，我们一般都会心生感激。

反过来，如果我们主动关心朋友，那么，对方心中也会产生一种温暖、安全的感觉，就会充满自信和快乐。“投我以木瓜，报之以琼琚。”当对方感受到了你的关心之后，必当从内心感激你，进而愿意关心你，这样，彼此之间就形成了一种友好的关系。

然而，在我们周围却总有这样一些人，当他们看到别人落难或者需要关怀时，不仅不给予劝慰，反而加以奚落甚至落井下石。很明显，这样做，只会让他人远离你。

很久以前，有一个贫苦的年轻人叫迈克，即使很穷困，但他还是很爱面子，为的是不让自己的尊严受损。

冬日的一天，迈克应邀到一女性朋友家去做客，因为买不起厚实的棉服，他只好穿着单衣出门了，但爱面子的他怕被朋友取笑，居然携带了一把扇子，然后跟朋友说：“我这人就怕热，即使冬日也喜欢取凉。”

吃过饭后，这位女性朋友看出了迈克的小心思，便想到了一个整治迈克的办法。于是，她就极力邀请迈克住一晚再走，迈克只好答应她。但谁知道，这位女性朋友居然以迈克怕热为由，把凉席铺在花园的凉亭里，迈克不便拒绝，只好应承下来。冬日的夜晚，寒气逼人，迈克被冻得抖若筛糠，只得披了薄被不断走动以御寒，不料失脚跌进了池中。

迈克冻得脸色发紫，还一直打哆嗦。而朋友看到后，还假装问：“你是觉得这不够凉快吧？没有钱买棉衣没关系，干吗死撑着呢？”迈克并不作声，暗暗对女性朋友的这种过分行为咬牙切齿，后来，他再也没和这个女性朋友交往，令这个女性朋友没有预料到的是，迈克后来发达了，他们仍旧形同陌路。

为他人留面子实质上就是为他人着想的一种体现。与人交往，在任何时候都要给别人保留脸面。不要让任何人感到难堪，不要贬低别人，不要夸大别人的错误，这是增进感情的最好方法。

当然，我们不能否认的一点是，人们都会为自己考虑，都有自私的一面，但对于那些明显自私势利的小人，人们都是拒绝与其交往的，谁愿意在自己身边放一颗定时炸弹呢？也没有谁愿意被小人暗算。如果我们不求回报地帮助他人，那么，就会有所回报，这也是培养友谊的基础。

从前，在一座深山内，有一个小山村，村里的每一个人都起早贪黑地种植稻谷，但不知为何，每年的收成却很低，根本不能解决温饱问题。

后来，有一个农民走出了大山，去寻找优质稻种，终于，他发现了高产量的稻种。果然，第一年试种，收成很好。村民们看到他成功了，便想从他那里换一些稻种。可这个农民却想，如果大家的稻谷产量都提高了，不就影响自己发财了吗？于是，他拒绝了乡亲们的请求。

第二年，他还是用原先的种子播种，并且，他更加勤奋地耕种，谁知道，产量却很差。后来，他才明白，在稻谷授粉时，风将邻家的劣质花粉接种到他家的优质稻子上了。

此时，你肯定会笑话这个自私又愚昧的农夫。是的，自私狭隘是一切善良美好的事物身上的“毒瘤”，是成功与和谐的天敌。与之形成鲜明对比的是一种善于为他人着想的博大、无私的胸怀。

然而，在我们周围，并不是所有人都能认识到这一点。

实质上，与人交往，建立和维护关系需要技巧，有时候并不需要什么高技术、高难度的动作，而是通过一些小细节来赢得人心。凡事多替他人着想；尤其要以诚挚之心待人，善解人意。这是一种习惯，养成后融入生活的常态里，根本不用刻意去表现。

放下成见，方能化敌为友

孔子曰：“己所不欲，勿施于人。”自己不希望他人对待自己的言行，自己也不要以那种言行对待他人。在经济飞速发展的今天，这句话同样可以作为我们为人处世的至理名言。如果你希望别人把你当朋友，那么，你就先接纳对方。从心理学的角度分析，这是因为，通常情况下，人们都有一种防备心理，如果你在与人交往的时候处处设防，不愿意将心门打开，不接纳别人，那么，对方原本准备为你打开的心门也会随之关闭，你们之间的社交距离也就真的产生了。而对待所谓的敌人，我们也应如此，如果你想化敌为友，那么，首先，我们应该先放下成见。其实，人与人之间没有什么事不能和解，我和你之间也没有什么事不能说开，人生不短也不长，与其把时间浪费在无谓的仇恨中，还不如放下成见，对人宽容一点，就会多一个朋友，少一个敌人。应该学会与人为善、待人宽容，能做到化敌为友，你的人生就是坦途！

我们先来看看世界顶级富翁巴菲特和比尔·盖茨之间的一段故事：

曾经，世界首富比尔·盖茨和世界第二富翁沃伦·巴菲特是两个互不相干的人，并且还存在着一定的偏见，在巴菲特看来，盖茨的成功完全是运气使然；而盖茨也认为巴菲特是一个小气、顽固、靠投机敛财的人。但后来的一次机遇，让他们重新认识了彼此，并建立了深厚的友谊。这件事情发生在1991年。

那年的一天，巴菲特给盖茨寄去了一张华尔街CEO聚会的请帖，主讲人就是巴菲特，因为对巴菲特心存偏见，盖茨对这次聚会不屑一顾，对于这张请帖，他自然随手丢到了一旁，这一幕被盖茨的母亲看到了，她劝解自己的儿子：“我倒是觉得你应该去听听，他或许恰好可以弥补你身上的缺点。”母亲的话对盖茨起到了作用，他决定以全新的态度去认识巴菲特这个商界前辈。

二人见面后，对盖茨同样心存偏见的巴菲特也傲慢地说：“你就是那个传说中非常幸运的年轻人啊？”听过母亲的劝解，盖茨是抱着一颗真心来结识巴菲特的，因此，面对巴菲特毫不客气的问候，他没有针锋相对，而是真诚地鞠了一躬，“我很想向前辈学习。”盖茨的这一举动让巴菲特很意外，但也很感动，就是这一举动，让巴菲特对盖茨的印象一下子改变了很多。

就在离会议开始还有一段时间，这两个商界奇才坐到了一起。他们就世界经济这一问题发表了各自的看法，他们发现，原来彼此对于很多问题的见解都惊人一致，除此之外，他们还要很多共同点，都是白手起家、热衷冒险、不怕犯错误 ，不知不觉中，时间过去了一个多小时，意犹未尽的巴菲特被催促着来到演讲台上，他的开场白竟然是：“在开始演讲之前，我想说的是，今天我第一次和比尔·盖茨交谈，他是一个比

我聪明的人。”

从这次聚会之后，他们之间进行了更为密切的交往，随后，他们都发现原来从前对彼此都存有很深的偏见。盖茨逐渐认识到，原来巴菲特并不是人们所说的吝啬小人，而是对金钱有着超凡脱俗的深刻见解，他说“财富应该用一种良好的方式反馈给社会，而不是留给子女”。就是在他的影响下，一心忙于工作、对婚姻持怀疑态度的盖茨终于学会了热爱家庭。

而在巴菲特眼里，盖茨也是个年轻有为的“真人”。2006年6月15日，盖茨宣布将逐步退出微软，专心从事慈善基金会的事业。紧随其后，6月25日，巴菲特因为妻子过早去世，决定将370亿美元的财产捐给盖茨的慈善基金会，他动情地说：“我之所以选择盖茨和梅琳达（盖茨的妻子）慈善基金会，一方面是因为我认为它是世界上最健全的慈善组织，另外，就是我十分信任盖茨和梅琳达，他们是我最好的朋友。”

巴菲特多次公开说，此生最了解他的人就是盖茨；而盖茨尊称巴菲特为自己人生的老师。

可以说，盖茨和巴菲特之间的偏见，是由盖茨这个年轻人的一句“我很想向前辈学习”而逐渐消除的，他曾经给巴菲特的印象就是一个幸运的年轻人，而当他决定用真心去结交巴菲特的时候，他已经抛开成见，跨出了交往的第一步，才会有后来两人关系的逐渐好转直到成为莫逆之交。

“开口便笑，笑古笑今，凡事付之一笑；大肚能容，容天容地，于人何所不容！”这是一座著名庙宇弥勒佛像两边的楹联，说的是佛祖的气度与胸怀，大度与宽容。人们常说，最高境界的宽恕，是宽容那些曾经伤害过自己的人。这不是一件容易的事，但是如果你这样做了，就会从中体验到我们的富有和强大。而当一个人能够宽恕别人时，也必定能够宽容自己。因为当他对自己充满自信之后，他无须去防御别人。他敢于正视自己的缺点，对一生中所遭受的不可避免的冲突和挫折具有必要的忍耐力。

生活中，人们之所以放不下仇恨，多半是持有一种先入为主的观念，而这种成见一旦产生，就很难改变。并且，很多时候，人们会为了所谓的“面子”和对他人的偏见，不肯迈出社交的第一步，不肯主动接纳别人而导致朋友的流失。其实，任何偏见的产生都是由于你的主观臆测，在抱着偏见与他人相处时，你很难发现他人的“庐山真面目”。

事实上，我们发现，当我们陷入低谷时，真正拉我们一把的正是我们曾经误认为的敌人。化敌为友，我们的人生才会变得更顺达。总之，只要我们主动伸出和解之手，化解彼此心中的疙瘩，我们就会减少一个敌人，而增加一个肝胆相照的好朋友。

第 03 章

“舍”是一种自制，眼光长远更能“得”大鱼

大千世界，充斥在我们周围的诱惑实在太多。两千年以前，老子就说：“五色令人目盲；五音使人耳聋；五味令人口爽；驰骋田猎，令人心发狂；难得之货，令人行妨。”生活中，有多少人尚未成功就已经深陷金钱名利、声色犬马之中。成大事者，首先要忍耐来自周围的各种诱惑，因为这些诱惑的背后必然是陷阱，如果控制不住心中的欲望，一不小心深陷此地，那你必定后悔终生。在诱惑重复的今天，我们更需要抵御诱惑，学会控制内心的欲望，这样才能成就大事。

扶弱济贫，不要吝啬钱财

每一个现实社会中的人，都希望自己有所成就，尤其希望自己能拥有一定的财富，过着衣食无忧的生活，这无可厚非，但有些人在拥有财富之后，却误解了金钱的含义，他们认为钱财越多越好，甚至变得一毛不拔，变成名副其实的守财奴，除了敛财以外，他们再也没有其他的人生乐趣。

诚然，钱财对于每个人来说，都有一定的诱惑，也是保障生活的物质基础。但我们始终是社会的人，一个人真正的成就，并不在于拥有多少财产，而在于对社会所作多大贡献。其实，舍得钱财也是一种为人处世的智慧，正如曾经有人所说的“一个人不管有多聪明，多能干，背景条件有多好，如果不懂得如何去做人、做事，那么他最终的结局肯定是失败。做人做事是一门艺术，更是一门学问。很多人之所以一辈子碌碌无为，就是因为他没有弄明白该怎样去做人做事”。

我们常常看到这样一些现象，有些人在功成名就以后，并不是独享财富，而是扶弱济贫，将自己的财富奉献给社会，帮助那些物质贫乏者，最终，他们都实现了自己的人生价值。香港首富李嘉诚就是典型的一例。

李嘉诚于1980年创立了自己的基金会，为医疗、教育、文化和社区福利项目提供资助，主要针对香港和内地。迄今为止，该基金会已为各项事业捐出及承诺款项约77亿港元，其中，内地约占64%，香港占29%，其他占7%。

另外，李嘉诚基金的管理特色在于从不动用现有资产，基金用多少，李嘉诚补上多少。李嘉诚曾说过，无论是他的家族成员还是公司董事，都不准从基金会拿一分钱，因为基金会是百分百作贡献的。

李嘉诚基金会集中两方面的发展：教育和医疗。至今，李嘉诚基金会及由李嘉诚成立的其他公益基金会已捐助过很多项目。

另外，在运营基金会的模式上，李嘉诚也提出了一些独特的理念和模式。对于基金会的现有资产，他从不动用，如果第一年他捐出10亿元，那么，第二年他就会再放10亿元来补足基金会的本金。

李嘉诚说，能够在这个世上对其他需要你帮助的人作贡献，这个是内心的财富。这个是我自己创造出来的，这个是真财富。因为金钱的财富，你今天可能涨了，身价高很多，明天掉下去了，你的财富可能一夜之间减为一半。只有你作出使世人受益的贡献，这个是真财富，任何人拿不回来。

正如李嘉诚所说的：“金钱并不是人生中最重要的因素。”在他看来，所谓的富贵，并不一定要“富”，还要“贵”，真正的“贵”，是看你的社会价值，看看你做出了什么。这才是真财富，任何人都拿不走。因此，他眼中真正的“富贵”，是必须懂得用金钱去回馈社会，如做不到这样，即使拥有了金钱，也不过是“富而不贵”。

你可能会认为，我没有李嘉诚式的物质财富，对于社会，无法作出如此奉献。但真正的奉献也不是用财富来衡量的。只要你不吝啬金钱，在他人需要帮助的时候伸出援手，那么，你的人生财富就会不断积累，你的人生就会不断充实！所以，身为社会人，你也应从责任的角度看，你必须有一颗爱别人，爱社会，肯奉献的心，才能被人尊重，被人称颂！

然而，现今社会，小有成就的人很多，但真正意识到自己还存在社会责任的则少之又少，他们认为自己的成功完全归功于自己，而排除了社会因素。实际上，在需要协同作战的今天，已经没有谁可以单打独斗就可以取得成功了，独木不成林，一个人的力量是有限的。一个人只有

懂得付出，才有回报。只懂得向社会索取，而不懂得奉献的人，迟早会被社会所淘汰。

实际上，每个人都是独立的自我，但同时，也生活在一定的集体中，没有谁可以脱离集体而存在。为此，我们在向社会索取的同时，也要学会奉献、懂得感恩！身为未来接班人的我们，更要从现在开始担起社会的责任，时刻不忘回馈社会。

人们常说，种善因，结善果。人生就是一条充满磨难的旅途，仅仅看重一点蝇头小利，是不会有长足发展的。对于钱财，你若太过吝啬，偏离了正确的人生轨道，那么，原本跟你志同道合的朋友就会离你而去，所谓得道多助失道寡助说的就是这个道理。没有善缘，凭一己之力，岂会成功呢？君子爱财，取之以道，爱不应该是贪婪自私的，而是要站在他人的立场，坚守做人的原则，以心相交，以诚相待，以利互惠，这样才会取得更大的利益！

别让自己成为财富的“奴隶”

在我们的生活中，放眼所及，我们周围有很多人通过经商、做生意成功获得了财富，他们比其他人生活得更富足，这令我们羡慕不已，于是一些人为了获得财富，失去了原有的价值观的判断，甚至心生歹念，从而败坏了社会风气。有道是“君子爱财，取之有道”，追求利润并非罪恶，但是，方法必须是符合人道的。并不是不管干什么，只要能赚钱就行，为了获取利润必须走正确的道路。谋利之心是经商或其他人类活动的原动力。所以，任何人都可以有赚钱的“欲望”，但是，无论如何，都不要让自己成为财富的“奴隶”。

清代民间，人们常说：“和珅跌倒，嘉庆吃饱。”和珅之所以为千夫所指，就是因为他错误的赚钱之道所致。

和珅为官之初，他的理想是报效国家，他的政绩也很多，比如，与

朝中的清官一起打击福康安、福长安等贪污官员，26岁的他已经开始就任管库大臣，管理布库。这些工作经验让他接触了如何管理钱财，这期间，他一直清正廉明。在他任职的这些年，布的存量大增，他凭借这些才干，得到了乾隆的赏识。

乾隆四十年，和珅升为乾清门御前侍卫，兼副都统。乾隆十一月再升为御前侍卫，并授正蓝旗副都统。乾隆四十一年正月，授户部侍郎，三月授军机大臣，四月，授总管内务府大臣。两年间，和珅清廉为官，勤奋好学，成为一位有为的青年。

和珅走向贪污的转折点开始于总督李侍尧涉嫌贪污一案。李侍尧案审结后，李侍尧被判斩监候，而他及其财产，居然被和珅私吞，加上乾隆的赏赐，和珅终于初尝掌握大权大财的滋味。

后来，和珅的长子丰绅殷德被乾隆指为十公主额驸，领受乾隆赏赐黄金、古董等，百官争相巴结。

刚开始，和珅并没有贿赂的邪念，但时间一长，他经受不住诱惑，开始贪污，他广结党羽，形成一股大势力。更培植犯罪集团用以迫害政敌、地方势力和人民。俨然形成了一个金字塔式的大贪污集团，和珅就立在金字塔的顶端。

嘉庆登基后，曾列出和珅二十条罪状。和珅后被嘉庆皇帝赐死。

由以上案例我们不难看出，为官之初的和珅原本是个清廉之人，但李侍尧案后，他尝到了金钱的滋味，从而一发不可收，形成了错误的人生态度，最终成千古恨。

马克思说资本家对利润的追求是贪得无厌。其实，不仅是资本家，我们每个人都有追求财富的动机，因为我们的生存需要物质，这无可厚非，但有人却过了头，把对金钱的追求当成了最终并唯一的目的。因此，我们一定要谨记，君子爱财，取之以道，你多赚来的钱都是他人的，那么，以正道赚取，人们才会信任你，否则，你只能自掘坟墓。

的确，生活中，任何人都要生存，于是，人们千方百计去挣钱。有

的出卖自己的劳动力，有的出卖自己的知识，有的出卖自己的智慧，有的出卖自己掌握的信息。“人穷志短”“一分钱难倒英雄汉”。然而，金钱只有在流通的过程中，才能体现它的价值；放在家中，只是一堆废纸；存在银行，只是一个数字。当我们过分看重金钱时，金钱就失去了它原本的使用价值。

的确，我们每个人都渴望成功、拥有更多的财富。可当这一切都实现的时候，你真的快乐了吗？如果把所有的人生目标都放在财富上面，纯粹是为了“金钱”两个字，这样的人生并不精彩。并不是财富拥有得多，幸福指数就会变高，财富不等于快乐。那么，什么是成功？你拥有了财富、拥有了地位、拥有了大家的尊重，算不算成功？当然是成功的一些标志，但如果你还想做一个快乐的人，就必须懂得舍得的智慧，看淡财富甚至需要舍得金钱，你才会真正获得快乐。

我们今天说：“君子爱财，取之有道。”什么“道”？说到底，也就是仁义之道——仁道。仁道是安身立命的基础，生活的原则。所以，无论是富贵还是贫贱，无论是仓促之间还是颠沛流离之时，绝不能违背这个基础和原则，绝不能成为金钱的“奴隶”。

眼光长远，舍得眼前利益

在我们的周围，总有一些人，他们总以为自己很聪明，懂得抓住眼前利益，事后他们才发现，原来自己是舍本逐末，因为自己贪图一时利益而失去了更大的利益。相反，那些智慧之人，往往具有更长远的眼光，他们在行事之前，都会权衡利弊得失，更不会因为一些蝇头小利而一叶障目，他们懂得放下，可见，眼光在生命的价值中折射出了舍得的智慧。具备长远的眼光，放下小利，方可成就大业。

从前，在英国的一个古镇上，住着一个六十几岁的富有老绅士，可惜的是，他膝下无子。随着年纪的增大，他开始考虑要找个继承人了，

最关键的是，他也需要人照顾。他想从村里的这些孩子里选出一个，可是，该选择谁呢？他最欣赏那些能抵御诱惑、没有好奇心的孩子。

镇上的很多孩子在得知老绅士要寻找一个财产继承人后，都纷纷给老绅士写信。很快，老绅士就收到了二十多封信。

这天早上，三个打扮得干净利落的少年出现在了老绅士的客厅。

老绅士先考核的是一个叫杰克的孩子，他被带到了一个房间，然后，引见的人便出去了。杰克一人坐在了沙发上，等待着老绅士的到来，然而一个小时过去了，还没人敲门，他开始躁动不安，这时他才发现，原来房间里有这么多好东西。他终于站了起来，东瞧瞧，西看看。他发现，房间的桌子上放了一个罩子，心想，罩子下面不是美味的蛋糕就是诱人的饮料，于是，他掀起了罩子，结果，他看到的却是一堆轻轻的羽毛，因为他掀罩子的力气太大，这些羽毛竟然飞起来了，杰克意识到自己犯错了，但羽毛已经飞得满屋子都是了。

接下来接受考验的是亨利，在他所在的房间里，放了很多他喜欢吃的葡萄，他忍了好久，终于偷吃了一个，吃完，他后悔了，但他又马上安慰自己，没事的，反正这么多，吃一颗不会被人发现的。吃完以后，他发现，葡萄真的很好吃，再吃一颗吧，他于是又拿起了一颗。其实，老绅士在这盘葡萄里做了“手脚”，他悄悄放了一个辣椒，亨利不小心吃到了，他的喉咙像着了火一样难受。结果，他也被老绅士打发走了。

最后出来的是哈利，他是个守规矩的孩子，他一直在房间里坐着，周围摆满了好吃的、好玩的东西，但他一直没动。半小时后，他被许可为老绅士服务。就这样，哈利一直服侍老绅士，直到他离开人世。老绅士临死之前，将所有的财产都送给了哈利。

生活中的我们就像是故事中的杰克和亨利一样，总是忍不住被眼前那些小利益诱惑，而最终失去了更长远的利益。其实，这些小利益对于我们来说，之所以吸引人，在于它本身就是带刺的玫瑰，表面上看很美丽，实际上却是危险的陷阱。在通往成功的路上，我们会遭遇不同的利

益诱惑，只要我们能够忍耐欲望的吞噬，按捺住内心的悸动，那最后的胜利就是属于我们的。

只是更多的时候，我们舍不得放弃手头实实在在的利益，心里想的也是怎样保证眼前的利益不受损失。殊不知，这样做只会任机会溜走，不但不会有所得，甚至会失去更多。舍小利以谋远，关键在一个“舍”字，只有舍得，才能获得。

古今中外，有很多人因为鼠目寸光而失去了长远发展的机会，却也有很多人因为眼光长远而成就了丰功伟业。

从前，有个叫仲永的孩子，他在五岁时就表现出了与众不同的才智。

一天，他突然哭闹着要纸和笔，可他们家实在是太穷了，哪里有闲钱买这个呢？于是，他的父亲只好从邻居那里借来这些东西，看到纸和笔后，他马上不哭了，还写了一手好字呢！

很快，方圆几十里的人都知道一个没读书的孩子居然会写字，他的父亲一看自己的孩子像个神童，便带着他到处去给人写字，有的人为了感谢他就给了他一些银子，他父亲认为仲永能帮他挣钱了，就不让他去读书，而以此谋利。

多年后，有个出外打工的人回来了，他向村民打听仲永的情况，问：“仲永现在如何了？”有一个人回答：“跟普通人没什么两样了。”仲永本身个资质不错的孩子，可最终却“泯然众人”。这就是因为他的父亲鼠目寸光，以仲永现有的天资谋利，而没有给仲永提供良好的学习环境，导致他“小时了了，大却不佳”的不幸的命运。

事实也证明，懂得放弃眼前的利益，甚至吃点小亏的人，最终获得的是比当时多几倍，甚至几十倍的收益。在现实生活中，无论是与人竞争还是与人合作，我们不要总是计较眼前的利益，而是把眼光放长远些，懂得从长远利益出发，舍小利为大谋，这正是一种人生倒推的博弈智慧。

抵御诱惑，别因小失大

现代高速运转的社会让我们变得越发浮躁，灯红酒绿的都市生活中，充满了诱惑，然而，能静下心来的有几人？在诱惑颇多的当下，懂得舍得的人又有几个？人本性中的单纯、朴实早已被我们摒弃。也许在这个快节奏的时代，我们走得太快了，是该停下脚步，等一等被我们丢远的灵魂了。这样，才能让自己的心静下来，思索我们的人生。

我们先来看下面这样一则寓言故事：

一天夜里，一只饥饿的老鼠终于发现了一些食物，正当它准备大吃一顿时，却被它的天敌——一只大花猫抓住了，它只好哀求花猫放过自己：“猫大哥，请你饶我一条小命吧，回头我一定送你一条大鱼。”

猫说：“不行。”

老鼠继续说：“那五条呢？”猫还是不答应。

老鼠还继续求情：“这样，要是你能放了我，以后每天我保证都能为你送上一条鱼，要是逢年过节，我还会送上更多的。”

猫眯起眼睛，不说话了。狡猾的老鼠认为自己的话起作用了，于是，它乘胜追击：“猫大哥，你平时基本上都吃不到鱼，我知道鱼可是你的最爱，只要你这次高抬贵手，以后每天都有鱼吃，这是多么美好的一件事啊！”

猫还是没有吱声，不过它心里很清楚：我也希望天天吃到鱼，但一旦这次放过它，那么，它还会偷吃主人的食物，胆子会越来越大，主人肯定会怪罪我，那时候，我连温饱都成问题，哪里有鱼吃呢？这样的交易不划算。

想到这些，猫突然睁大眼睛，伸出利爪，猛扑上去，将老鼠吃掉了。

猫是聪明的，它的选择也是正确的。它很理智，它知道老鼠的许

诺虽然很诱人，但一旦答应，可能会付出更大的代价，于是，它还是选择了它原来的一日三餐。而一日三餐便是它的底线。猫当然希望一日一鱼，但连起码的一日三餐都保不住的话，一日一鱼便成了水中月、镜中花。

可悲的是，现实生活中的一些人，总是不安于现状，他们并不是被“一日一鱼”所诱惑，而是总永无止境地追求，最终因小失大，连原本“一日一鱼”的生活都失去了。

在通往成功的路上，我们也会遭遇不同的诱惑陷阱，只要我们能够忍耐欲望的吞噬，按捺住内心的悸动，最后的胜利就是属于我们的。

东汉时期，有个叫杨震的人，他从荆州刺史调任东莱太守时，昔日的一个县令想贿赂他，便带了十几斤黄金来拜访杨震。

县令送这样的重礼，当然是希望曾经的故人能在以后多多关照自己。杨震最终拒绝了这份礼物，并且说：“故人知君，君不知故人，何也？”

县令以为杨震假装客气，便说：“幕夜无知者。”他的意思是，晚上谁又知道呢？

杨震一听很生气，说道：“天知、地知、你知、我知，怎说无知？”县令听完无地自容，只得带着礼物，狼狈而归。

在东汉历史上，杨震是一个颇得称赞的清官。正是他抵御了诱惑，才得以名留千古。试想，如果杨震抵御不住诱惑，收了县令所赠送的几十斤黄金，那估计他在史册上将声名狼藉。

古人尚且深知要把握自己，不要迷失自己，然而，在日益发展的今天，我们的周围，不断上演着“迷失自己、沦落陷阱”的悲剧。多少为官者在声色犬马中逐渐违背当初做人的原则，甚至不惜牺牲人民的利益，最终被绳之以法；又有多少人经不住外界的诱惑，放纵自己，甚至以身试法，最终自食其果。的确，在这个纷繁复杂的世界，金钱、美色、权力、地位、名声充斥了整个现实生活，给人们太多的诱惑，于是人们更多地关注和追求身外之物，迷失在物欲横流中。这个事实引人深

思，发人深省。

其实，陷入诱惑的泥潭，源于内心的欲望。欲望就像毒品，是会上瘾的，在你一次被满足了之后，就会不断地想要更多的欲望，那根本就是一个无法填满的无底洞，于是，你越来越难以抵御外面世界的诱惑。最后，人被欲望所控制，甚至沦为欲望的“奴隶”，并最终被那些诱惑所吞噬。所以，我们应该记住：想成大事，必先克制内心的欲望，学会抵御外面世界的种种诱惑。

要想抵御诱惑，就要懂得享受宁静。脱下工作装换上流行时装走进灯红酒绿的世界，好像是现代人放松的一种方式，殊不知，这种放松之后将面临着更大的空虚和迷茫。

让自己内心平静的方法莫过于独处，上一支檀香，一壶水，一缕清茶，一盏杯。水从高处慢慢冲入杯中，一切仿佛慢了半拍，茶叶在水中的翻转腾挪，一缕香气弥漫出来，心境逐渐变得平静。实际上，人生本如茶，一泡洗净铅华，二泡三泡满品精华，四泡五泡回甘香灭。

坚守一份执着，在迷茫的水面稳驾一叶轻舟；不再迷失自我，在喧嚣的尘世保持一份静默。迢迢暗夜，望一柄北斗为我们引路；茫茫雾海，燃一盏心灯为我们导航。可以一无所有，但不能失去可贵的自信与执着。

总之，在灯红酒绿的现代社会，我们要想抵御诱惑，就要告诉自己，不管遇到什么事情都要冷静，不管遇到多大的风浪都要坚定自己的立场。

不要被眼前的小事所累

在生活中，我们常常听人们说：“人无远虑，必有近忧。”这句话的含义是，如果你没有长远的打算，那么眼前就一定有麻烦。老人们也常常说：“做事之前要想到后面四步。”其实，人生在世，我们所走

的每一步，都不能浑浑噩噩，而应该站得高、看得远，当然，我们不可能看得太远，但至少我们应该看见下一步。做事情，不仅需要稳当、周全，而且，不能急于求成，更不能被眼前的小事所累。一个成大事的人，眼光总是比身边的人看得稍远一些，更不会被眼前的小事所累。

公元1661年，年仅8岁的爱新觉罗·玄烨被推上龙座，他就是万世敬仰的康熙大帝。

玄烨登基之时，尚且年幼，必须由祖母孝庄太后悉心培养，但无论如何，他当时还是无法担负国家大任。令清朝宫廷最头疼的是鳌拜，他自恃是小皇帝的辅政大臣，在朝中，他们结党营私，玩弄权术，骄横跋扈，不把小康熙放在眼里，连孝庄太后也万般隐忍。年轻气盛的康熙曾几次想把鳌拜绳之以法，但他知道自己与鳌拜无法抗衡，只好先隐忍。因此，康熙把怨气与怒气埋在心里，一直积蓄力量。

终于，康熙皇帝在年满16周岁时，也就是1669年，发动攻势，一举剿灭了鳌拜一伙。之后，他又平定了“三藩”，收复了台湾，击退了沙皇俄国的入侵，开创了一代盛世。康熙成为我国清朝历史著名的皇帝。他在位时，清朝的政治逐渐稳定，国力逐渐强大。

当康熙帝还是一个年幼的男孩时，如果他不是理智战胜了愤怒，隐忍负重8年，恐怕早被鳌拜害死了，哪里还有后来的“康乾盛世”？从这里，我们可以看出他是个有着长远眼光的人。

生活中，我们经常可以看到，那些成功者往往思路开阔、目光长远，而那些目光短视、“利”字当头、只在乎眼前的蝇头小利、什么亏都不能吃的人无法获得财富与成功。由此证明，思路决定人生成败。

著名的美孚公司曾做了一次赔本买卖，可是，从最后的结果来看，它虽然放弃了眼前的利益，但却收获了长远的发展，小利变大利、利滚利、利翻利，先前看似赔本的“买卖”，最终却收获了高额的利润。这是一种商业中的计谋，也是每一个人需要学习的智慧。有时候，之所以需要我们放弃眼前唾手可得的利益，并且不为它所累，其实是为了以求更长远的发展。

最近，公司打算提拔一批年轻人进入管理层，作为公司的后备力量，小李兴奋不已。机会终于来了，煎熬的日子总算过去了。其实小李在很久以前就瞄到了这个机会，当时，经理就话里有话：“好好干，机会多得是，不久以后，我们就有一次大的人事调动。”这么久以来，他一直不为任何职位所动，等的就是这一天。

原来，早在半年以前，公司就进行了一次内部人事调整，当时，进入公司不久的小李满怀兴奋，希望借此机会出人头地。不承想，整个部门十几个人，为了竞争部门经理这一职位，每个人都报了名。小李顿时泄了气，是否有必要去争取呢？如果去争取，自己作为一个新人，估计成功率很小；若不去争取，又怕错失了这个机会。

正在小李犹豫不决的时候，坐在旁边的经理说道：“年轻人，我挺欣赏你的，不过，这一次，我奉劝你还是静止不动，你去争取根本没有胜算，首先，你的资历不够，工作经验又没有，根本没有资格去争取；其次，你还年轻，以后的机会多得是，我们公司还会进行大的人事调动，到那时，你已经羽翼渐丰，则可以赢得最好的职位。”小李听了，顿时醒悟。

果然，经过六个月的历练，小李在公司已积累了一定的名气，再加上他在工作中优秀的表现，在这次人事变动中，小李轻而易举地坐上了销售总监的位置。

在现实工作中，小到一个职员，大到一个公司，都需要有长远的打算，如果你只着眼于眼前的小恩小惠，迟早有一天你会被利益所吞噬，同时职场生涯也宣告结束。其实，即便是工作也不能含糊，将自己的眼光放长远一些，不为眼前的小事所累，学会忍耐，这样我们的职场之路才会走得更远更顺。

在生活中，许多人之所以不断地失败，就是因为只看到了眼前的麻烦，做事半途而废，自然，他们也就与成功失之交臂了。对于我们来说，在做每一件事情时更要有长远的眼光，不计较眼前的小事，而关注长远的发展，从而达到舍小利而保大局的目的。不过，在现实生活中，

有的人鼠目寸光，吃不得眼前亏，心胸狭隘，容不得一点损失，最终，他们难成大事。

因此，生活中的人们，一定要摒弃“今日事，今日毕”或者“做一天和尚撞一天钟”的思维习惯，而应该做到“明日事，今日思”，待完成了今天的事情，就考虑“明日事，如何为”？长此以往，你就锻炼了灵活的思维习惯，考虑事情时自然能从大局出发，很多鼎鼎大名的富翁就是以这样一种思路获得财富和成功的。

暂时舍利，也要留住信誉

现代社会，无论是做生意，还是与人交往，最重要的就是信誉，一位商界的西点人士曾这样说：“美国前500强大企业是教给人伦理，而西点是教给人品德。”的确，信任的达成是一个人，一个企业乃至一个国家发展中最为重要的因素之一。然而，因为利益的诱惑，很多人却企图尝试打破这一规则，最终他们不仅失去了信誉，还失去了长远的利益。而聪明的人始终会用长远的眼光看待问题，为了留住信誉，很多时候，他们能做到果断舍弃利益。

我们先来看看国内几大集团在信誉问题上是如何做的：

在2006年11月发布的中国第一份信誉调查报告——中国企业信誉100中，海尔成为排名最靠前的中国本地企业，排总榜单的第六位。海尔夺得“中国外乡企业信誉榜”榜首是人们预料之中的事，海尔在20世纪90年代初就确定了“首先卖信誉，其次卖产品”的理念，恰是从这一理念出发，制定了海尔创世界名牌的战略，成为中国家电行业的巨人。

1985年，在捕捉到企业正处在急骤上升时期的致命的质量隐患和危机意识不足的管理信息后，在全体海尔集团员工面前，张瑞敏将76台质量有问题的电冰箱砸毁。

正是这一砸，砸出了海尔员工的危机感和责任感，砸出了海尔在民众中的信誉度，砸出了一套独特的海尔式产品质量和服务管理理念，正是因为时刻关注用户利益，使得海尔这个青岛小企业成长为今天的跨国集团公司。

这里，我们看到了张瑞敏为了赢得信誉，将76台质量有问题的电冰箱当众砸毁。这就是“舍”利益“得”信誉的最佳体现。任何一个企业领导者，都深知信誉危机对企业发展的杀伤性。事实上，企业对于信誉危机的处理往往有相当难度，因为信誉危机的发生总会不同程度地影响企业的形象，降低企业在利益相关者心目中的地位，影响企业正常的生产经营活动，威胁企业的既定目标的实现，严重的将导致企业破产。但一般情况下，信誉危机的产生多半是和经济问题挂钩的，因此，如果企业能够主动放弃利益，那么，挽回企业的信誉是可能的。当然，要避免出现信誉危机，最好把眼光放长远一些，而不是为了利益而牺牲信誉。

实际上，并不只是海尔集团通过“卖信誉”而赢得公众的信任，很多世界500强也正是坚持这一信念，才走上了成功之路。

其实，信誉问题不仅对企业、组织有重要影响，对于我们个人也是如此，因为真诚守信是做人的原则，是一种正直的品格，历来受人推崇。莎士比亚有句名言：“质朴比巧妙的言词更能打动我的心。”蒙古族谚语说：“心诚能感动卧牛石。”真诚是完美之根，生命之神。现代社会，市场经济不断繁荣，人们竞争日益激烈，于是，有些人可能会产生这样的想法：人不为己，天诛地灭，真诚守信只不过是人际交往中的场面话而已，于是，开始质疑，这一品格还有那么重要吗?

答案当然是肯定的。一个人只有真诚守信，才能守信于人，也才能获得荣誉。松下幸之助正是因为拥有这样的人格魅力，在关键时刻宁愿牺牲自己的利益而保住员工的利益，才获得了员工的支持和信赖，最终获得了成功。

在松下电器公司，包括松下幸之助在内的所有领导，都很注重员工

的利益，并从内心真正关心他们，正是因为这样，员工们才愿意与公司同甘共苦，共渡难关。

20世纪30年代初，世界经济陷入了萧条状态。很多厂家为了自保不断裁员，减少工人的薪酬。但松下公司却没有这么做。那时候，松下幸之助因病在家休养，但他依然坚定地说，不能裁员，也不能降薪。相反，他决定，生产实行半日制，工资按全天支付。与此同时，他要求全体员工利用闲暇时间去推销库存商品。松下公司的这一做法获得了全体员工的一致拥护，大家千方百计地推销商品，不到3个月就把积压商品推销一空，使松下公司顺利渡过了难关。

其实，在松下公司的成长史上，还有好几次更为严重的危机，但正是因为松下幸之助始终都坚持和员工共存亡，不忘民众，使公司的凝聚力和抵御困难的能力大大增强，每次危机都在全体员工的奋力拼搏、共同努力下安全度过，松下幸之助也赢得了员工们的一致称颂。

从松下幸之助的管理经验中，我们看到了他的管理经验让员工感到了家的温馨，增进了企业内部的相互信任，增加了员工对公司的忠诚感。

的确，人们在社会交往中，往往以诚信来判断、决定是否相处和交往，巧言令色、轻诺寡信，是难以取得他人信任的。信誉是人与人之间沟通和相知的桥梁，信誉能够过滤自私和贪争，消除内心的忧痛，开阔狭窄的心胸，使亲情保持长久，友情变得纯真，爱情备受考验。

吃亏有时也是占便宜

古语云：“天时不如地利，地利不如人和。”明·冯梦龙《醒世恒言》第二十一卷载：“可惜你满腹文章，看不出人情世故。”人的因素任何时候都是成功的必要条件。一个能成大事的人，他自身的能力是一个因素，而关键在于他是否借助别人的强大力量。然而，要想交到好朋

友，我们必须舍得付出，愿意吃亏，因为任何情感都经不起斤斤计较，会吃亏才能有所得。俗话说：“好汉不吃眼前亏。”但有时忍受点小亏反而会获得大的利益。在实际生活中，那些凡事不能忍受吃亏的人，结果往往吃尽了苦头。的确，人活于世，太过注重私利，就不会交到什么朋友，这个世界上没有人喜欢爱占便宜的人，但没有人不喜欢爱吃亏的人。我们从小就被教育“吃亏是福”，然而，现代社会，却有很多人不明白这个道理。

阿伟9月参加工作，他自己也明白人情世故的重要性，可是他却认为自己总是付出，没有回报，因为他刚来这个公司，也不涉及结婚生子和学业的问题，没有必要长期为别人挣钱，索性他和所有人断了人情。就在前不久，他已收到三颗“红色炸弹”，何止这些，一到假期，他就要经受一番“人情轰炸”。可是，他始终坚守自己的“阵地”不动摇，国庆期间，阿伟接到一个陌生电话，对方很热情地称呼他为老班长，并邀请他参加婚礼。阿伟有些纳闷，一时想不起是谁，经对方提示才勉强回忆起，原来是三年前的系统任职培训班的学员，这几年很少联系。虽说那个人很热情，可是阿伟没去，他觉得此举对自己没好处，何必吃那个亏呢。从此，阿伟被整个公司的同事冷落了，任何好事大家都不会想到他。

其实，人家能主动邀请你，说明重视彼此的关系，这也是一个投资人情的好机会，虽说这些投资都是很“远”的，甚至你觉得自己吃了亏，但说明你的人情账户是净收入，他日你需要帮助的时候，别人自然会对你伸出援助之手，人情关系之中，吃点小亏，就可能收获很多。

的确，我们发现，在为人处世的过程中，必定有一方会吃点亏，我们不要害怕吃亏，会吃亏才能有所得，当你吃亏的时候，第一，你在心理上赢得了比别人优越的债权感，一个人的社会地位是别人对他负有的社会债务感的总和。第二，这是一种以退为进的处世方式，你的吃亏表明你是个豁达之人，这样，自然能赢得别人的信任和赞同，好人缘由此

开始。

一个成功的“外交家”必懂得未雨绸缪，用小亏换取大便宜，因为无论如何，求人办事并不容易，提前投资，储蓄人情，才能马到成功。我们不要怕吃亏，吃亏是长期的人情储蓄，储蓄得越多，利息自然越高。刘邦与项羽在称雄争霸、建功立业上，就表现出了不同的态度，也得到了截然不同的结局。著名词人苏东坡在评判“楚汉之争”时曾说：项羽之所以会败，就因为他不能忍耐，不愿意吃亏，结果白白浪费了自己百战百胜的勇猛；汉高祖刘邦之所以能胜，就在于他会忍耐，懂得吃亏，养精蓄锐，等待时机，最后夺取胜利。日常生活中，无论在什么样的情况下，勇气并非一味地冲锋陷阵，而是懂得忍耐，也就是有勇有谋，才是忍耐的灵活之处。可见，有时候，吃亏是让自己趋利避害的有效手段。

明朝时期，尤老翁在苏州城里开了一个典当铺，他平时最懂得忍耐，因此，无论是街坊邻居，还是外来客人，都喜欢跟他打交道。

有一年快到年关的时候，尤老翁正在屋里盘账，忽然听到外面有吵闹的声音，于是就匆忙地跑了出去。到了柜台，他看见穷邻居赵老头正在与自己的伙计吵架。尤老翁明白，这个赵老头是一个蛮不讲理的人，他不问究竟，就先将伙计们训斥了一顿，然后好言向赵老头赔礼道歉。然而，赵老头表情依然愤怒，丝毫不给尤老翁面子，站在柜台前不说一句话。

这时，心中委屈的伙计悄悄对老板说：“老爷，他前些日子当了一些衣服，现在他还不上当衣服的钱，硬要将衣服拿回去。我向他解释，他竟然破口大骂，我真的不知道该怎么办才好。”尤老翁也知道不是自己伙计的过错，他先吩咐伙计去照料其他的生意，他亲自来应付这个蛮不讲理的赵老头。忽然，他想到了一个办法，快速走到赵老头的身边，语气恳切地说：“老人家，不要再对刚才的事情耿耿于怀了，不要跟我的伙计一般见识，你就消消气吧，大家都是熟人，我不会介意这种小事的，衣服你就拿回去穿吧。”

不等赵老头回答，尤老翁就吩咐伙计将其典当的衣服拿过来。但赵老头似乎一点也不感激，拿起衣服就走。而尤老翁并不在意，而是含笑拱手将老头送出大门，然而就在这天夜里，赵老头竟然死在了另一家典当铺里。

原来，赵老头负债累累，家产早已典当一空，走投无路之下，他寻了短见。他预先服下了毒药，先来到尤老翁的当铺吵闹，想以死来敲诈钱财，没想到尤老翁一向善于忍耐，宁愿自己吃亏也不跟他计较，他觉得敲诈这样的人实在不忍心，就决定离开尤老翁的典当铺来到另一家典当铺，结果毒性发作了。后来，赵老头的亲属向官府控告那家典当铺逼死了赵老头，与他打了好几年的官司。最后，那家典当铺花了很多钱才将这件事摆平。

事后，尤老翁只是说：“我也没想到赵老头会走到这条绝路上去，我只是想如果有人无理取闹，我不会和他硬碰硬，我会尽可能地忍耐，退一步来处理这个问题。哪怕吃点亏，我觉得也没什么大不了。”再回过头来看这件事情，倘若尤老翁不愿意吃亏，那么，又会是怎样一番结局呢？

因此，在与人交往的过程中，我们不要锱铢必较，有时候，吃点小亏是种明智的处世方式，表面上，你吃亏了，可是你却赢得了人心，那么你自然就是别人眼中的“好人”，拥有了好人缘，荣誉和信任必将接踵而至。

舍得“亏本经营”，收获大利润

中国人常说：“吃亏是福。”老子也曾说过：“少则得，洼则盈。”有足够的预留空间，才能有容。学会提前吃亏，可以确保日后不亏。太极图中，平衡与和谐，是两条颜色相反的“鱼”相对，而不是一种颜色的圆满，这不就证明了亏才是完美吗？所以，学会吃亏，

是一种适应自然法则的表现，经营之道，其实也是吃亏之道。不求个人的完满，留出让利的空间，才能自在地生活于世。我们常看到这样的现象，一些商铺老板，在开业当天，都会为顾客提供很多免费服务，表面上看，他是亏本经营，但正因为这点，他吸引了很多顾客，并成为他们的忠实客户。

在中国，有句老话叫“无商不奸”，这句话的含义是：商人都是狡诈的，略有贬义。从这句话里，我们能看到自古以来人们对商人的评价——“商人都是唯利是图的”。因此，很多时候，人们对商人都心存芥蒂。反过来，从商的我们，如果愿意放弃一些利润空间，舍得“亏本经营”，那么，你不仅能收获顾客的信任，还能收获大利润。

清末民初，在北京城有一个著名的绸缎店。有一天，一场大火突然将所有的东西都烧毁了，其中还包括来往的账本。大火之后，这个绸缎店的老板贴出了一张告示：因本店的账本已经被烧毁，凡是欠我钱的可以不还，我欠别人的，只要有凭据，照样兑现。

街坊邻居看到了这样的告示，都觉得绸缎店吃了大亏，怎么能忍耐这样的事情呢？可没想到，这个绸缎店却因此而名声大震，许多人都慕名而来，其中还包括许多外国人。顿时，这个被大火烧过的绸缎店又恢复了生机，生意甚至比以前还要好。

本来，绸缎店被烧毁，店老板已经遭受了失败的打击，但他却懂得如何以忍耐换取人心。于是，在账本被烧毁的情况下，店老板依然愿意忍耐自己吃亏，而不愿意顾客吃亏。没想到，这样的忍耐竟然换回了顾客的信任，而店里的生意也日渐红火。

老子说：“福兮祸所伏，祸兮福所倚。”有时候，事情的发展有可能产生两个极端的转化。在生活中，那些一生无所作为、无所建树的人，他们差不多都是心胸狭窄、斤斤计较、不懂忍耐的人。相反，那些敢于和勇于忍耐的人，才会生存得更好，才会拥有一份平和、快乐的心境，以后的路会更加顺畅。

在商业王国里，有各种各样的生意门道，但我们很难想象到，纽

扣也会成为巨额利润的来源。但的确有这样一位富翁，他是靠卖纽扣发家的。

这位富翁开的是一家小店，店面虽不大，但却很精致，他的店里，卖的全部是纽扣，并没有代销其他商品。进入这家店，你会发现各式各样的纽扣。店主很细心，如果你丢了一枚纽扣，那么，他会想尽办法替你配上，然后寄给你。久而久之，小小的纽扣店在偌大的一座城市里家喻户晓。

当人们问及这位富翁的经营之道时，他回答：“世上的钱是赚不完的，我每次卖出一枚纽扣，只赚几分几厘。那些卖名贵衣服的店面，当然能赚很多钱，可是我为什么要去跟人家攀比呢？我更在意的是能‘赚’到多少顾客。”

可见，放下过多的物质欲望和私利，也是一门生意经，乍一看，这是与生意来自于利润这一原则相违背的，但本质上，为顾客考虑，多点关心，少点利益心，是“赚”到顾客的最根本方法。然而，生活中，很多小商人却不明白这个道理，在交易场所，这样的例子是屡见不鲜的：买方和卖方为了一点小利讨价还价，争执不休，结果不欢而散，双方都无利可赚，这样就有悖经商之道。精明的小商人会爽快地与对方成交，宁肯让对方多占些利，他们更关注的是长远大计。

大多时候，我们会认为，经营就要确保自己的利益，争取更多的回报是一个人能力的体现，是成功的标志。然而，无论是为人处世还是经营事业，真正的大智慧却是学会吃亏。可以说，做人的可贵之处就在于乐于亏己。吃亏与放下一己私利在很多时候有异曲同工之妙。

有人说：“一个人的心胸有多大，他能做成的事业就有多大。”确实，只要我们仔细观察身边的一些人，就会发现，凡是有所成就的人，大多都是愿意放弃小利小惠的人。在经营事业上，我们也应该如此，暂时的“亏本经营”，并不是真的“亏”，今天的“亏”会为你赢来信誉和口碑，那么，明天收获的将是更多的利润。

别让自己成为吝啬鬼

生活中，我们经常会遇到这样一些人：他们非常计较个人的得失，遇事总怕自己吃亏。他们可以拿公家慷慨，对个人利益却丝毫不能让步，总是高估人家低估自己，永不知足；他们非常看重自己的财富与利益，为了既得利益，可以六亲不认，对别人的苦楚却冷漠无情，毫无怜悯之心，甚至落井下石。这样的人被我们称为“吝啬鬼”。

面对这样的人，你愿意与之交往吗？答案当然是否定的。因为从心理角度看，那些慷慨大方的人，通常会让人觉得“有利可图”，而在物质上吝啬的人，一般也被人们认为是不愿意付出情感的人。可见，生活中的每个人，都不要让自己成为一个“一毛不拔”的吝啬鬼，否则，最终，你很可能会“一毛不得”。

曾经有个米店的老板，他是出了名的吝啬，总是想方设法克扣员工的工钱。

这天，他找到一个伙计为他干活，说好了是三百元一个月。可是，到了月底该发工钱的时候，他却说：“你必须给我找来两样东西。否则，你一分钱也得不到。”

这位米店老板如此狡猾，这两样东西别说集市上，即使皇宫也找不到，一件是“啊”，另一件是“哇”。以前，他就是利用这种手段骗了很多伙计白白为他干活，但这次，他遇到的这个伙计格外聪明，便满口答应下来。米店老板窃喜：“你怎么可能找得到？”

很快，年轻伙计出发了。他假装到市场上转了一圈，回来时给老板带回一个小口袋，里面装了一些蝎子和蜈蚣。

“我把‘啊’和‘哇’都给你拿来了，你把手伸进口袋里去拿吧！”

老板心想，他找来的到底是什么呢？他就把手伸进了口袋。当然，

蝎子和蜈蚣怎么会放过他，他惨叫了一声：“啊！”

年轻伙计见了哈哈大笑起来，说：“里面还有‘哇’呢！你快拿吧！”

老板再也不敢伸手了，只好老老实实地把三百元钱给了那个伙计。

看完这个寓言故事，或许你会觉得滑稽可笑。可是，在现实生活中，如果真的与那些吝啬的人打交道，就不会这么有意思了，只会觉得厌恶。与他们接触过一两次之后，你肯定会躲避他们。

所谓吝啬、小气，其实是一种心态，不光是财物方面的，也可能是情感方面的。“惜金如命”“一毛不拔”等，就是指财物方面的吝啬；只求别人关心自己、照顾自己，对别人的感受和困难却漠不关心，则是指情感方面的吝啬。

那么，人为什么会吝啬？我们存活于世，的确需要一定的物质保障，这是生存和发展的需要，但有些人却把这种需要扩大化，并上升到以敛财为喜好，财富积累得越多，对于他们来说就越好。于是，他们竭力追求，一旦到了手，就决不放手，该给别人的，也不愿给。这就是吝啬。说到底，吝啬的人因为把财富看得太重，觉得财富比其他一切都重要。

比如，人际交往中，我们请客吃饭，是为了求人办事、做生意或者追求心爱的人，但你却坚持AA制，会被对方认为“抠门”“太精明”“认钱不认人”，肯定会失去一帮“铁哥们儿”、客户，甚至让你的爱人掉头就走；人家刚帮你一个大忙，你却和人家AA制，感情上确实接受不了，有失国人厚道传统。然而，我们的周围，往往就有很多这样的人。

张三是一个出名的吝啬鬼。

一天，他家来了客人，到了午饭的时间，他只给客人端来一碗稀饭。就在这时，门外来了一个卖熟牛肉的，客人也毫不客气地说：“给我买斤牛肉吧，在你家总是喝稀饭。”

听到客人这么说，张三不好回绝，便出去买牛肉了，他让客人在屋

内等候。过了一会儿，外面传来了张三与卖牛肉者讨价还价的声音。

“三块一斤行不行？”“不行！”

“五块一斤行不行？”“不行！”

“七块一斤总行了吧？”“不行不行，一百块也不行！”

张三回来对客人说：“不知怎么的，他就是不肯卖给我。”客人只好自认倒霉。

晚上妻子训斥他：“你是傻了吧，三块一斤不行，还要七块？”张三说：“哪儿呀，我是拿砖头和他换呢！”

这虽是一则幽默，但却看出吝啬之人的自私。吝啬破坏了人类所固有的仁爱、同情之心，破坏了美好的社会关系、伦理关系和道德关系，对一些社会成员造成了精神上及肉体上的伤害。因此，我们应当尽快消除吝啬心理。

人生在世，需要金钱维持生存，但亲情与友谊更重要，小气吝啬，只会让身边的朋友远离你。无论是对父母还是子女，都要尽到义务；对于朋友，即使他曾经伤害过你，你也不要耿耿于怀，真心关心朋友，为朋友付出，日后有难处，朋友才会伸出援手。

总之，做人之道并不神秘，学会对别人付出，你就会有回报，成功之路就会走得更畅通，学会做人是立世之本，提前进行情感投资是追求个人成功最保险的方式。一个能够为别人付出情感的人，才是真正富足的人！

第04章

“舍”是一种谋略，以退为进“得”到最优之选

人生路上，我们需要作各种各样的抉择，摆在我们面前的，有时会有多种选项，需要我们作出决断，在这一决断的过程中，我们就应当在正确分析各种情况，权衡利弊的基础上及时作出取舍。有时候，你需要放下面子，以求机遇；有时候，你必须放下鱼或熊掌，贪心只会让你什么都抓不住；在错误的人生道路上走得太久，你也需要适时地放弃，重新选择……可以说，“舍”是一种谋略，是运筹帷幄、成竹在胸的一种流露。只有在了如指掌之后才会懂得放弃并善于放弃，只有在懂得并善于放弃之后才会敛集无尽的财富。

舍得面子，才能成他人不能成之事

中国人历来比较注重面子，在官场上、酒桌上、社交场合，人们把自己的面子看得比什么都重要，誓死捍卫自己的面子。“面子”这个古老的中文词汇在它诞生之初就有了非比寻常的意义，以至于我们很多人无法不重视它的存在。古往今来，面子似乎成了一种国民性的东西。但正是因为面子的重要性，如果在必要的时候，我们能舍得面子，忍他人之不能忍受之事、做他人不会做之事，那么，我们必定能成他人不能成之事。

然而，现实中，一些人过分看重面子，为了面子，他们付出了太多的代价。其实，真正的面子是自己给自己的，暂时放下面子，做好能力、知识的积累，那么，他日成功，你还用担心没有面子吗？相信那时会有更多人为你的勇气、坚韧、智慧所折服吧。大凡成大事者，必定能忍得一时之辱，容得一时之痛，他们不会过分在乎所谓的面子，这是一种成熟，一种理智。

王明是一位留美的计算机博士，毕业之后，他打算在美国找工作。便拿着自己获得的各个证书，以及一些在学校所获得的奖章，四处奔波找工作。可是，两三个月过去了，他还是没有找到合适的工作，因为他所选择的公司几乎都没有录用他，而那些愿意录用他的公司又是自己瞧不上的。他没有想到，自己堂堂一个博士生，居然沦落到高不成低不就的尴尬处境。思前想后，他决定收起自己所有的证书与奖章，以一种低姿态去求职。

没过多久，他就被一家公司录用为程序输入员，这份工作相当简单，对一个博士生来说简直就是大材小用。但王明并没有抱怨什么，即使是最简单的工作，他依然干得一丝不苟。这样干了一个多月，上司发现他能迅速看出粗程序中的错误，这并非一般程序输入员所能比的，这时候，王明向上司亮出了学士证，上司知道了他的能力，马上给他换了一个与大学生相对的专业。又过了一个月，上司发现他经常能够提出一些独到的见解，远比一般大学生要高明。这个时候，王明又亮出了硕士证，上司立即提升了他的职位。再过一个月，上司觉得他还是跟别人不一样，就开始有意识地询问他，这时候，王明才拿出了自己的博士证，上司对他的能力至此有了全面的了解，毫不犹豫地重用了他。

当王明陷入了求职的困境时，他放下了自己的所有证书，以一个普通人的身份去应聘，这就是舍得面子的表现。我们可以想象，一个有着博士学历的人，委身于一个普通的职位，那该需要下多大的决心。但王明忍耐了下来，他在等待机会，终于，老板发现了他深藏不露的能力，委以重任，最终他获得了自己应有的职位和薪水。

我们都知道，爱面子更是一种人的天性。爱面子之心，人皆有之，每个人生活在这个世界上，都渴望得到别人的尊重，都希望自己在别人面前有面子。面子的重要性是不言而喻的。但在大局面前，如果我们能舍下面子，就会勇于做他人看来不会做之事，就会付出比他人更多的努力，那么，最终，你也会成就一番他人无法企及的事业。

成人之美，广结善缘

俗话说：多一个朋友多一条路。很多时候，可以把心中不愉快的事向朋友倾诉，对于自己办不到的事请朋友相助。的确，现代社会，对于任何人来说，拥有广博的人脉资源都显得至关重要，拥有广泛的人脉资

源，能为你提供更大的帮助，能帮你解除很多事业上的危机，使你不再孤立无援。然而，人脉是在日常生活中不断扩展的，需要我们长期维护积累。其中的途径之一就是巧结善缘，而要做到这一点，我们首先需要学会成人之美，在与人交往的过程中，先卖给对方一个人情，那么，日后当你需要帮助的时候，对方也不会袖手旁观。

朱太太是个大忙人，没有时间照顾孩子和做家务，于是，她雇了一个保姆，这位保姆姓王，下周一，保姆王嫂就要上岗了。

在王嫂上岗前，朱太太想多了解一下她，便给她以前的雇主打了个电话，但没想到的是，对方对王嫂的评价很差。

转眼，周一到了，王嫂准时来了，朱太太上班前对王嫂说："王嫂，前几天我给你的前任雇主打了个电话，她说你人非常好，做事很认真、仔细，而且厨艺非常好，看样子我以后有口福了。但有一个小小的缺点，就是不太会收拾屋子。我觉得她的话并不完全可信，因为从你的穿着来看，你应该是个整洁的人，所以我认为，你一定会把屋子收拾得很干净，而且大家能够和睦相处。"

事实证明，朱太太是个聪明的人，她们相处得很好，王嫂就像朱太太说的那样，每天勤奋地工作，把屋子收拾得干干净净，有时甚至加班完成剩下的工作。有一次，朱太太在外开会，不巧把一份很重要的文件落在家里了，当她束手无策的时候王嫂给她送来了，朱太太感激不尽。

这就是在与人交往中，真心待人、成人之美带来的益处，当你发自内心地对别人友好时，别人就会感觉到你真诚的心意，不知不觉对方就会对你产生信任感，你们之间就有了好的开头。如果刚开始朱太太就把前任雇主的话如实告诉王嫂，或者苛刻地对待王嫂，那么，王嫂自然也不会为朱太太送文件了。可见，学会成人之美也是一种人情投资，而绝非人们认为的思想乃至物质上的"包袱"，投资必定有回报，朱太太的事例就是个很好的说明。

生活中，我们每个人都希望拥有和谐的人际关系，希望在自己困难的时候得到他人的热心相助，其实，要做到这点很简单，那就要学会付

出，今天你做到了成人之美，那么，明天，他人必然也会成你之美。当然，这里的成人之美并不仅仅指帮他人一把，有时候，给他人留点面子也会有异曲同工之妙。

一天早上，富兰克林和助手下车后一起去办公楼，正当他们走上台阶时，看见一位长相甜美、身材姣好的女孩，可能因为穿高跟鞋的缘故，栽了一个趔趄，身体失去了平衡，一下子跌坐在地上。

其实，富兰克林认识这个姑娘，他们在同一个办公楼上班，而且，她平时一直保持着良好的仪态，每天都穿着舒服、整洁的衣服上班。助手见此情景，准备过去扶女孩一把，但富兰克林马上阻止了，并给他递了个眼神，示意他不要这么做。

于是，富兰克林和助手来到走廊的拐角处，悄悄地关注那个女孩的动静。一会儿，那个女孩站了起来，她环顾四周，掸去身上的尘土，很快恢复了常态，若无其事地走向办公楼。

等那个女孩走远了，助手终于松了口气，但接下来，他露出了疑惑的表情，富兰克林淡淡一笑，反问道：年轻人，你难道愿意让人看到自己摔跤时那副倒霉的样子吗？助手听后，顿时恍然大悟。

本杰明·富兰克林深受世人的敬仰，不仅因为他是美国的开国元勋和杰出的科学家、政治家，更因为他一直被后人推崇为最完美的为人处世的典范。漫步在人生的旅途，谁都有“摔跤”的时候，这时，人们最需要的是一个独自抚平创伤、恢复自尊的时间和空间。对此，富兰克林说：“保留他人的面子和自尊，是人际交往的底线。”

美国哲学家约翰·杜威说：“人性深处最渴望的是一种‘自重感’。”这时候，人们最强烈的精神需求就体现为自尊、尊重、面子。当然，这样的一种心理需要也体现在人与人之间的交往中，如果你想在交际中建议融洽的关系，不妨给足对方面子，满足其自尊心。

总之，人际交往中，我们应该学会用长远的眼光看问题，大多时候，咄咄逼人并不会给你带来什么好处，相反，以退为进，成人之美是一种大智慧，它会让你在某些时候得到意外收获！

什么都想要，很可能什么都得不到

人生在世，我们面临的抉择实在是太多。而有选择，自然就会有放弃。因为鱼与熊掌不可兼得，如果你什么都想要，那么，最终，你很可能什么也得不到。那么，哪个会被你忍痛割爱呢？人生旅途中，经常会遇到三岔路口，何去何从？

的确，很多时候，我们遇到的选项都是非常具有诱惑力的，但却不能同时拥有。在鱼与熊掌的选择中，我们往往喜欢斤斤计较，患得患失，优柔寡断。但要明白的是，你必须学会抉择，学会舍得。生活的辩证法也告诉我们这一道理，“得”与“失”之间也是矛盾的统一体。在鱼和熊掌不可兼得时，你必须有取有舍。取就必须舍，舍了才能取。例如，要成功就必须放弃享乐；选择家庭的同时就得放弃单身生活的很多自由；选择内心平静的同时就得放弃对权力和金钱的追逐。在必须拿定主意的那一刻，你会犹豫彷徨、无所适从吗？关键处、紧要时，你能当机立断、正确选择吗？有这样一个很有趣的故事：

在仙雾缭绕的山中，有一位仙子，她有伟大的神力，可以决定什么花开成什么颜色、什么样子。

有一朵蓓蕾，它非常美丽，很受仙子喜爱，仙子给了它优先选择颜色的特权。然而，令仙子失望的是，蓓蕾因为选择太多，一直拿不定主意。当花季过后，仙子在山谷中发现了它——一朵未来得及开放便枯死的蓓蕾，只是因为它选择太多却始终无法作出选择。

这朵蓓蕾最终为什么会凋谢？就是因为它什么都想得到，最终错过了花期。其实，我们人类何尝不是重复着这样的悲剧呢？我们的一生，会经常站在抉择的交叉路口，而且，很多时候，这些选择是单项的，比如，填报志愿时，你有两个都很喜欢的专业；就业后，你遇到了两份都

不错的工作；到了适婚年龄，你周围的异性让你都很满意……当遇到多个选项、鱼和熊掌不可兼得的时候，你有能力和魄力作出明智正确的抉择吗？

可能你会认为，摆在眼前的都是我所要，舍弃任何一个，都会让我痛苦。但你必须明白的是：只有果断地放弃其中之一，才会得到、拥有其中之一。只有作出选择，才不至于什么都得不到。选择是一门看似简单却十分有讲究的艺术。人的一生，就是一个不断选择的过程。选择的正误和效率，是一个人价值取向、思想水平、道德意识和判断能力的综合反映。

一些看似无谓的选择其实是奠定我们一生重大抉择的基础，古人云：“不积跬步，无以至千里；不积小流，无以成江海”，无论多么远大的理想，伟大的事业，都必须从小处做起，从平凡处做起，所以对于看似琐碎的选择，也要慎重对待，考虑选择的结果是否有益于自己树立的远大目标。

有选择就必须舍弃，而舍弃，对于每一个人来说，都是一个痛苦的过程，因为很多时候，一旦失去，就意味着永远不再拥有，但是，不想舍去，想拥有一切，最终你将一无所有，这是生命的无奈之处。如果你不放弃眼前的热烈，就无法享受花前月下的温馨……生活给予我们每个人的都是一座丰富的宝库，但你必须懂得，选择适合你应该拥有的，否则，生命将难以承受！

生活中，我们每个人都在走自己的路，在面临人生选择的时候，只有那些志向远大的人，才知道自己到底要什么，才能作出正确的取舍，把握自己的命运。因为只有远大的目标才是我们作抉择的准绳。孟子曰：舍生取义。这是他的选择标准，也是他人生的追求目标。

在面临选择时，我们必须清醒地知道，我们需要什么，哪些才是对自己最重要的，哪些才是最适合自己的。

曾经有个虔诚礼佛的人，在一次追寻佛陀的足迹中，一不小心掉下了悬崖，恰巧抓住了一根树枝。此时，佛陀显灵了。佛陀告诉他，

只有放下手上的树枝，才能有活下来的机会。可是那个人却不肯放下，把树枝抓得紧紧的。佛陀摇了摇头说：“你不肯放手，任谁也救不了你。”

从前，上帝给了两个穷人获得财富的机会。这两个人听从上帝的指令，来到一座山洞。进去前，上帝告诉他们，时间有限，拿到自己想要的财富一定要及时出来。他们满口答应了。其中一人进去后，拿了两块黄金就出来了。可另一个人进去，被满洞的金银珠宝吸引了，他什么都想拿，却不知道该拿什么好，正犹豫间，宝库的大门紧紧地关闭了。

可见，有些选项看似诱人，但如果不适合自己，那就要果断舍弃。作出什么样的选择，要视自身条件和具体情况而定，要有主见，不能人云亦云。

有时候，我们选择的似乎只是如何处理问题的方式方法，但实际也是在对自己的人品、人格作出选择。选择必须考虑到社会效益，不能图一时之快或蝇头小利而失去做人的道德、良心和信任。

总之，人的一生需要我们放下很多东西。古人云：鱼和熊掌不能兼得。如果不是我们该拥有的，那么我们必须学会放下。人生注定要经历多姿多彩的风景，唯有放下才能拥有别致的风韵。过去常听人说，要懂得放弃。放弃是对事物的完全释怀，是一种高妙的人生境界。而放下则更具有丝丝缕缕的难舍情怀，是一首悠扬的乐曲，在每个人的心底奏起。

不适合自己的，果断放弃

人生在世，我们想要的实在是太多，我们都曾有自己的梦想，但我们所想要的，并不是都能得到，我们的梦想也不一定都能实现。社会大舞台上，每个人都是自己生活和生存方式的编导兼演员，只有学会正确

地选择，有所为，有所不为，学会放弃，才能演绎出精彩的人生喜剧。因此，哲人常说，懂得放弃是一门哲学。

的确，我们的一生当中，总是充满着这样或那样的抉择，但无论我们怎么抉择，都不会尽善尽美，总会留有缺憾。但缺憾本身也是一种美。我们不妨想想，就连权倾天下的统治者都无法拥有天下所有的最美，更何况常人？因此，对于那些不适合自己的选择，我们要果断放弃。追求完美固然是一种积极的人生态度，但如果过分追求完美，而又达不到完美，就必然会产生浮躁。过分追求完美不仅得不偿失，而且会变得毫无完美可言。

一个圆在滚动的过程中，遇到了一块刀片，于是，它的身子不小心被劈去了一小片。但它却不知道被劈去的那一小片丢到哪去了，于是，它决定去寻找。

被劈去一小片的圆行走起来很缓慢，但正是因为这样，它开始与周围的小虫子们聊天，开始看美丽的风景，开始晒暖暖的太阳。它找到许多不同的碎片，但都不是被劈去的那一片，于是它不停地寻找。直到有一天，它实现了自己的心愿。

然而，已经变得完美的它，又开始迅速行走了，它错过了花开的时节，忽略了虫子。当它意识到这一切时，它毅然舍弃了历尽千辛万苦才找到的那一片。

这个故事告诉我们：正视放弃，拒绝完美，才令我们完整。因此，日常生活中的人们，不要太苛求自己，允许自己犯错，你才会活得轻松。

其实生活中的人们，何尝不像故事中的这个圆呢？因为执念的存在，让我们放不下内心的执着，使我们一直受缚，或执着于名与利，或执着于一份痛苦的爱，或执着于虚无的某个梦想。等数十年的光阴逝去，才感叹人生的无为与空虚。很多时候，我们因为太过固执，总认为我一定要怎么样，使所谓的理想变成了束缚我们的负担。

人的一生，不可能什么都得到，相反，有太多的东西需要我们放

弃。爱情中，强扭的瓜不甜，放手的爱也是一种美；生意场上，放下对利益的无止境的掠夺，得到的是坦然和安心；仕途中，放弃对权力的追逐，随遇而安，获得的是一份淡泊与宁静。

古人云：无欲则刚。真正的放下，才是一种大智慧、一种境界。因为不属于我们的东西实在太多了，只有学会放弃，才能给心灵一个放松的机会。表面上看，放下了就意味着失去，所以是痛苦的，然而，如果你什么都想要，又什么都不想放下，那么，最终你什么都得不到。人生苦短，无非几十年，有所得必有所失。我们只有学会放弃，才会拥有一份成熟，才会活得坦然、充实和轻松。

然而，对于现代社会中的人们，拿起来容易，放下却很难。因为如果你放下了，就意味着承认了失败。在我们看来，强者是不轻易言败的。所以，我们常常被不屈不挠、坚定不移、坚持到底、永不言败等一些高昂的英雄气词语所激励。是的，我们的人生需要砥砺。但是，如果是一个站在死胡同里却还要坚持走到底的人，他并不会成为英雄，他的执着顽固，只会让他更快毁灭。

从前，有甲、乙两个人，他们的生活十分窘迫，但两人关系却很要好，经常一起上山打柴。

这天，他们和以往一样上了山，走到半路，却发现了两大包棉花。这对于他们来说，实在是一大笔意外之财，可供家人一个月衣食丰足。于是，两人各自背了一包棉花，赶路回家。

在回家的路上，甲眼前一亮，原来他发现了一大捆上好的棉布，甲告诉乙，这捆棉布可以换更多的钱，可以买到更多的粮食，应该背棉布。而乙却不这么认为，他说，棉花都已经背了这么久，不能就这么放弃了，乙不听甲的话，甲只好自己背棉布回家。

他们又走了一段路，甲突然看见林中闪闪发光，走近一看，原来是几坛黄金，他高兴极了，心想这下全家以后的日子不用愁了，于是，他赶紧放下肩上的棉布，拿起一个粗滚子挑起黄金。而此时，乙仍旧不愿丢下棉花，并且他还告诫甲，这可能是个陷阱，小心上当。

甲不听乙的劝告，只好挑着黄金和乙一起赶路回家。走到山下时，居然下起了瓢泼大雨，两人都湿透了。乙更是叫苦连天，因为他身上背的棉花吸足了雨水，变得异常沉重，乙不得已只好丢下背了一路的棉花，空手和挑着黄金的甲回家去了。

故事中的这两位村民为什么在收获上会有如此的不同？很简单，因为背棉花的村民不懂变通，只凭一套哲学，便欲强过人生所有的关卡。而另一位村民则善于及时审视自己的行为。的确，在追求目标的路上，审慎地运用你的智慧，作最正确的判断，选择属于你的正确方向。同时，别忘了随时检视自己选择的角度是否产生了偏差，适时地作出调整，千万不能像背棉花的村民一般，时时留意自己执着的意念是否与成功的法则相抵触，追求成功，并非要求你必须放弃自己的执着，去迁就法则。只需你在意念上进行合理的修正，使之契合成功者的经验及建议，即可走上成功之路。

俗话说，拿得起，放得下；反过来，理解放得下的人，才能拿得起；该扔的扔，无谓的坚持是没有任何意义的。放下既是一种理性的决策，也是一种豁达的心胸。当你学会了放下，你就会觉得，你的人生之路宽广了很多。

以退为进，以舍求得

古往今来，人与人之间就存在着竞争，只有竞争，才能取胜，才能脱颖而出，为自己赢得一席之地。当今社会，竞争尤为明显，因为人际间的竞争结果往往与人们的生存质量息息相关。因而，人们再也不能固守着自己的一片天地高枕无忧了。但我们还应该看到，过于看重竞争而导致职场危机四伏，着实给人际交往带来重重障碍。这时候，我们需要以退为进，学会妥协，这也是一种舍得的智慧，表面上看，我们舍掉的是继续向前的机会，但结果却是我们得到了更大的成功。

赵先生在一家外资医药企业供职，有着十几年的工作经验，先后做过部门经理和总经理助理。但在外企工作的十几年里，赵先生遭受过不少白眼，但他总是保持谦虚的态度，忍耐，只希望自己有一天能出人头地。就在今年，赵先生去了一家民营企业做副总裁，他说：“自己年近40岁了，虽说有一些资历和工作经验，但与外企里30岁左右的年轻人相比，不管是知识结构还是工作精力，都有差距，与其被年轻人挤走，不如换个更适合自己的工作环境。”赵先生继续开玩笑说：“我这也是谦卑的智慧，以退为进的策略。”

果不其然，由于民营企业比较缺乏人才，而赵先生所掌握的是外企管理理念，完全可以作为新鲜血液注入企业。而且，民营企业支付给赵先生的薪水是外企的两倍，赋予其更大的权力。现在，赵先生再也不是那个遭人白眼的普通外企员工了，而是率领近百名员工，做着之前在外企想做却不敢做的事情，自己非常有成就感。

忍耐、退让并不意味着失败，相对于“前进”，“退一步”更是一种生存智慧和处世哲学。我们都知道，在动物世界里，狮虎的藏露进退之功，它们主要是为了猎获对象或者保护自己。同样的道理在生活中也可以运用，许多人只知道乘胜追击，却不知道退一步的处世艺术。殊不知，使劲向前冲，不仅会让自己身心疲惫，而且也难以取得成功。以退为进，看似退让，看似是一种舍弃，其实是为日后的成功做着准备。无论是生活还是工作，凡事都不要强出头，收敛一点，暗中使劲，将来定能出人头地，而且不会遭人嫉妒和排挤。

可见，懂得减速和停止，是人生的一种境界。有时候，一味地追求高速度并不能达到目标，因为用劲太大，就会招致损伤。这是必然的，或许只因为有了喘息的机会，才有足够的体力实现下一步的飞跃。

春秋时候，晋献公听信谗言，杀了太子申生，又派人捉拿申生的异母兄长重耳。重耳闻讯，逃出晋国，在外流亡十九年。

经过千辛万苦，重耳来到楚国。楚成王认为重耳日后必有大作为，就以国君之礼相迎，待他如上宾。

一天，楚王设宴招待重耳，两人饮酒叙话，气氛十分融洽。忽然楚王问重耳：“你若有一天回晋国当上国君，该怎么报答我呢？”重耳略一思索说：“美女侍从、珍宝丝绸，大王您有的是珍禽羽毛，象牙兽皮，更是楚地的盛产，晋国哪有什么珍奇物品献给大王呢？”楚王说：“公子过谦了，话虽然这么说，可总该对我有所表示吧？”重耳笑笑回答道：“要是托您的福，果真能回国当政的话，我愿与贵国友好。假如有一天，晋楚之间发生战争，我一定命令军队先退避三舍（一舍等于三十里），如果还不能得到您的原谅，我再与您交战。”

四年后，重耳真的回到晋国当了国君，他就是历史上有名的晋文公。晋国在他的治理下日益强大。

公元前633年，楚国和晋国的军队在作战时相遇。晋文公为了实现他当初许下的诺言，下令军队后退九十里，驻扎在城濮。楚军见晋军后退，以为对方害怕了，马上追击。晋军利用楚军骄傲轻敌的弱点，集中兵力，大破楚军，取得了城濮之战的胜利。

这就是“退避三舍”的故事，以退为进，然后诱敌深入，从而给自己留下了主动出击的后路，获得最后的成功。

其实，当今社会，做人做事亦是这个道理，高手如云，不少人争强好胜，锋芒毕露，给人造成了咄咄逼人的感觉，往往适得其反。其实用点心机，适当“示弱”，并不表示你无能，有时反而起到化解矛盾、以柔克刚的作用，取得意想不到的妙效。承认“无知”，多学多问，是走向成功之路的必备素质。学会了妥协，就能学会以屈求伸，以退为进，以静制动，以柔克刚，这样你才可能成为最后的胜利者。

以退为进，是一种智慧，会助你不缓不慢地达到目标。举个很简单的例子，当你走在沙漠中，你的食物和水都没了，而你仍旧坚持前行，此时，你可能会心慌意乱，这就是有些人会死在沙漠中的原因。倘若能冷静下来，借助星辰找准方向，朝着一个方向走，结果会大不一样。

以退为进，并不是一味忍让，而是为了实现双赢。《将相和》的

故事中，蔺相如一而再，再而三地忍让廉颇，终于使廉颇认识到自己的错误，使自己和廉颇都能各尽其用，使赵国繁荣昌盛。李嘉诚不贪小利，对于失败的竞争对手，他并没有置他人于死地，而是留条财路给他人，最终使自己成为亚洲第一富豪。以退为进，不仅为自己，也是为别人。

可见，以退为进，是我们每个人都追求的目标；退，则是为了更好地进。以退为进，以舍求得，才是真正的大智慧。

不过，我们也不可能事事退让，妥协要看具体情况。要看你的大目标所在。也就是说，为了达到大目标，可以在次要的目标上作适当的让步。这种妥协并不是完全放弃原则，而是以退为进，以屈求伸。我们要有长远的眼光，以大目标为我们交际的根本动力，适当的时候妥协，才会离我们的大目标更近一步！

择善而行，适时放弃

一直以来，中国人都比较推崇坚持这种精神，人们常说："坚持就是胜利。"古代郑板桥也说"咬定青山不放松，任尔东西南北风"。诚然，我们不得不承认，那些成功者之所以成功，很大程度上是因为他们有锲而不舍的精神，但并不是所有的坚持都会取得成功，错误的坚持有时就是一种自欺。在这个世事难料的社会，种种原因都可能制约着其梦难圆，很多时候，当这条路行不通的时候，与其错误地坚持下去不如明智地放弃，然后另选一条捷径。

战国时期，有个齐国人叫黔敖，总是行善好施。这年，齐国出现了严重的饥荒。于是，黔敖在路边准备好饭食，以供饥饿的人来吃。

一天，有个饥饿的人很想接受黔敖的施舍，但却很爱面子，于是，他只好用袖子蒙着脸，拖着脚步，无力地走来。黔敖看到这个人，就左手端着吃食，右手端着汤，说道："喂!来吃吧!"那个饥民扬眉抬眼看

着他，说：“我就是不愿吃嗟来之食，才落到这个地步。”黔敖追上前去向他道歉，他仍然不吃，结果饿死了。

智者总是择善而行，懂得适时地放弃。坚持真理是人们所称颂的，但不辨是非、坚持错误的行为是愚蠢的。如果一个人总是错误地坚持一切，最终得到的将是难过与后悔。错误的坚持是愚蠢的。

从前，有一位潜心布道的神父。

这天，他按照计划来到一个小村庄，他走进教堂，准备为这里的人祈祷。但突然下起了大雨。只几个小时，洪水就淹没了整个村庄，教堂也没有幸免。

他发现，洪水已经淹没了他的膝盖。村里的警察很快赶来了，并让他赶紧离开教堂，但神父却固执地说：“不，我不走！我坚信仁慈的上帝一定会来救我的，你先去救别人吧！”

过了一会儿，水越来越深了，已经淹到了神父的腰部，神父只好站在椅子上继续祈祷，这时，有几个救生员划着船在教堂外大喊：“神父，赶快过来，我们救你走！”神父还是执着地说道：“不，我要坚守着我的教堂，相信慈悲的上帝一定会将我从洪水之中救出去的。你还是先去救别人吧！”

又过了半个小时，整个教堂完全被洪水淹没了，神父只好爬上十字架，在滚滚的洪水中坚持着。这时，一架直升飞机缓缓地飞到了教堂上方。飞行员丢下悬梯，大喊道：“神父，快上来吧，这是最后的机会了，我们可不愿意看到你被洪水冲走！”神父依然意志坚定地说：“不，我要守住我的教堂！上帝绝对会来救我的。你去救其他人吧。上帝会永远与我同在！”

固执的神父最终也没能逃脱被滚滚洪水淹没的命运……

神父来到了天堂，他质问上帝，为什么不来救他？上帝回答道：“我怎么不肯救你了？你忘记了？第一次，我派人劝你离开那危险的地方，可是你坚决不肯；第二次，我派了一只船去救你，但你还是一意孤行不肯离开；第三次，我以对待国宾的礼仪，派了一架直升飞机去救

你，结果你还是不愿意接受我的救助。是你自己太固执了，总是不肯接受别人的救助，我在想，你是不是太想见到我了，那么，我就成全你吧。”神父顿时哑口无言。

这个故事告诉我们，错误的坚持是不可取的，在人生的旅途中经常会遇到许多岔路口，与其盲目地前行，不如在适当的时候停下来想一想，自己的需要是什么，怎样能使自己更快地走向成功。选择是人生成功道路上的必备路标，只有量力而行地作出明智选择才会拥有辉煌的成功，然而那些错误的坚持是不可取的。就像这位神父一样，本来有三次求生的机会，但是因为他错误的坚持，最后错失了这些机会。

与其错误地坚持下去不如明智地放弃，然后另选一条捷径。当然，这需要我们学会准确地定位自己，认清自己，看到自己的价值，然后懂得适时放弃错误的选择，那么，你就能充分挖掘自己的内在动力，再朝着正确的方向努力，充分发挥自己的价值。

不能否认，坚持到底一直是成功者对我们的忠告，这也是他们成功的秘诀之一，然而，假若出现在我们面前的是一条完全走不通的路，那么，我们绝不可一条路走到黑，这时，放弃这个错误坚持则更加重要，然后再作出明智的选择，行走另一条路。因为天无绝人之路，上天在关上一扇门的同时，会为你再打开一扇窗，所以，错误的坚持我们绝对不提倡，灵活应变，才更容易达到目标。

总之，对于那些错误的坚持要明智地放手。对于一件没有结果的事情过于坚持是错误的坚持，明知道是一条死胡同，却还要继续往前走，面对的必定是痛苦与遗憾。

放弃是为了获得更大的机会

在印度的热带丛林里，人们捕捉猴子的方式是奇特的：

人们先安置一个固定的小盒子，然后在里面放上猴子爱吃的食

物，但盒子并不是敞开的，而是在上方开一个小口，猴子正好可以把前爪伸进去，而贪吃的猴子肯定会把爪子伸进去，结果就再也拿不出来了。

人们常常用这种方法捕捉猴子，因为猴子有一种习性：不肯放下已经到手的东西。

人们总会嘲笑猴子的愚蠢：为什么不松开爪子放下坚果逃命？实际上，我们人类又何尝不是如此呢？

现实生活中，很多人都和猴子一样，他们往往把目光盯在那些虚无缥缈的东西上，还拼命地去争取，甚至不计后果。其实，有时候，懂得放弃才能找到新的出路和机遇。对此，美国电话电报公司前总经理卡贝提出：“放弃是创新的钥匙。”这就是著名的卡贝定律，这一定律教会人们：在未学会放弃之前，你将很难懂得什么是争取。

瑞士军事理论家菲米尼有一句名言：“一次良好的撤退，应与一次伟大的胜利一样受到奖赏。”同样，生活中的每个人，也要学会放弃，并且要果断、大气地放弃，另谋出路。当然，不是面对任何事物都需要放弃，在毫无出路或者面对一些蝇头小利或毫无前景的决策时，有目的、有计划地放弃，才是追求创新、富有远景所必需的成功条件。综观世界各大企业，未尝不懂得放弃对于追求新机遇的重要性，其中松下公司尤为典型。

1964年，日本松下通信工业公司突然宣布不再做大型电子计算机。当时的松下已经花费了5年时间，投入高达10亿日元研究开发资金，而研发即将进入最后阶段，松下公司突然全盘放弃，需要多么大的胆魄。那时的松下公司经营得十分顺利，财政上也是安全的，所以，这一决定成为世界商业史上的一次重要决定。当时的松下幸之助考虑到大型电脑市场竞争十分激烈，一着不慎，就可能使整个公司陷入危机之中，到时再撤退，就可能为时已晚。

这个撤退的决定是正确的，之后的市场不出松下的预料，像西门子、RCA这种世界性的公司，都陆续放弃了大型电脑的生产，松下凭借

自己的预见能力和全局观念果断地放弃，由此遥遥领先。

的确，一件事情，重要的不是现在怎样，而是将来会怎样。要看到事物的将来，就必须具备高远的眼光。看清了它的将来，坚定不移地去做，事业就成功了一半。明智的人总是在放弃小利益的同时，获得更大的利益。

在世界软件行业，微软之所以处处领先，靠的就是创新。从前，几乎所有人都认为只有硬件才能赚钱，比尔·盖茨是第一个看到软件前景的商人，而且“以软制硬”，把其软件系统广泛应用到各种行业和公司。人们把盖茨称为“对本世纪影响最大的商界领袖”，一点也不过分。假若盖茨没有放弃自己在哈佛的学业，又何来今天的成就呢？无独有偶，阿尔伯特·哈伯德也是这样一个有胆识的人。

阿尔伯特·哈伯德是个不平凡的人，他曾是一名肥皂销售员，但即使这是一份平凡的工作，他也干得有声有色，后来，他成为一名出色的肥皂销售商，他对于这样的职业并不满意，于是，1892年，他大胆地放弃了自己的事业，进入了哈佛大学。再后来，他爱上了徒步旅行。

在徒步到伦敦的过程中，哈伯德遇到了威廉·莫瑞斯，并喜欢上了莫瑞斯的艺术与手工业出版社。

哈伯德回到美国后，很想出版自己那套《短暂的旅行》自传体丛书，但不幸的是，他被所有的出版社都拒绝了，无奈，他只好自己出版这套书，并以此创建了罗依科罗斯特出版社，哈伯德的书一经出版，他立即成为既高产又畅销的作家。

成名后的他，充分感受到了什么是名人效应，前来拜访他的人太多了，他的生意头脑又一次被激活了。随着拜访他的人越来越多，周围的住宿设施已经无法容纳了，哈伯德特地盖了一家旅馆，而在装修时，哈伯德让工人做了一种简单的直线型家具，这种家具很快受到了游客们的喜欢，接下来，哈伯德又开始了家具创造业。

就这样，哈伯德创造了前所未有的辉煌。同时，出版社出版了《菲

士利人》和《兄弟》两份月刊，而随后《致加西亚的信》的出版使哈伯德的影响力达到了顶峰。

有人说，阿尔伯特·哈伯德的一生无比传奇，他之所以能在多方面获得成功，与他不断地抓住新的机遇有极大的关系，但我们更应该看到，他敢于放弃、敢于突破自己的勇气。正因为做到了这点，他才能不断地朝着自己的一个又一个目标而努力奋进。

放弃有时比争取更有意义，放弃是创新的钥匙。如果努力争取的东西与目标无关，或者目前拥有的东西已成为负累，或者劣势大于优势，那么还不如放弃。

因此，在为自己所作出的决策权衡利弊之后，如果发现决策失误，也要有敢于放弃的魄力，此时，你可能会突然发现，原来新的机遇正在等着自己！

不要舍近求远，珍惜身边的人

人们常说，人生就是一次旅行，在这一过程中，只有翻山涉水，不惧艰辛，走过忧郁的峡谷，穿过快乐的山峰，蹚过辛酸的河流，越过滔滔的海洋，才能走到生命的最高峰，领略美好的风景，诚然，我们不能否认这一点，但人的一生是短暂的，我们若把眼光总是放在远方的事物而错过了眼前的美景，那么只能空留遗憾。其实，对于情感，我们很多时候也会犯同样的错误：你可能认为你的爱人满身缺点：人老珠黄、喜欢啰唆，似乎"妻子总是别人的好"；如果丈夫能帅点，能多赚点钱，能……其实，我们都忽略了一点，真正关爱你的就是那个枕边人，为什么要舍近求远，不知珍惜呢？

张岚35岁，和丈夫的婚姻也已经到了七年之痒的阶段，这年，命运给她安排了一场突如其来的灾难，她后来常常想，如果没有这场灾难，也许她和丈夫早已劳燕分飞，因为我们已经没有任何在一起的理由——

丈夫马上要出国，可以拿到几倍的薪水，而自己也可以像时尚杂志中的单身贵妇一样再享乐，找一个配得上自己身份和收入的男人。但命运偏偏不是这样安排的：

在丈夫即将出国前，她发现，她身边的任何一个女性朋友，无不住着豪华别墅，丈夫或者爱人也无不是行业内的精英或者大老板，而自己的丈夫只不过是技术人员，他的收入让自己过着紧张的日子，这样的日子她早已过够了，同样是名牌大学毕业，为什么自己和姐妹们的命运如此不同？

于是，她和丈夫不断争吵，但正如人们说的，“家和万事兴”，不兴，则祸事而至。一天，她在上班的路上，出了车祸，但当她从医院醒来时，却发现，身边那个男人已经泣不成声，那一刻，她发现了这个男人的好，她想起了她们恋爱的那些日子。

那时候，她是个害羞、胆小的姑娘，因为觉得自己不够优秀，因此，遇到优秀的男孩时，她不敢主动争取，就这样，好多年过去了，直到有一天，一次偶然的机会，他们相识了，他们一起照顾一只流浪狗，后来他们相爱了。她问他：“如果有比我更好的女孩子喜欢你……”他说：“如果有比你的流浪狗更可爱的小狗……”她说：“我不会的，小狗跟了我那么长时间，我们有感情了。”他说：“哦，原来你懂得感情。我还以为你不懂呢！”尽管遭到了很多人的反对，但他们还是结婚了。

直到那一刻，付出了沉重的代价之后，张岚才知道真爱是不可以算计的，因为人算不如天算——如果一个人爱你，他必须爱你的生命，必须肯与你患难与共，必须在你危难的时候留在你的身边而不是袖手旁观，否则，那就不叫爱，那叫“醒时同欢乐，醉后各分散”，那种爱，虽然时尚，虽然轻快，但是没什么价值。

这场车祸后，张岚在丈夫的照料下，很快康复了，他们之间的婚姻也康复了。

这个案例中，我们看到了一个结婚女人的心路历程。她应该感谢这

场车祸，让她看到了自己的幸福，抛开了那些世俗的想法。

我们生活的周围，有太多这样不知足的人，他们往往看不到自己的幸福，只感觉别人的幸福很耀眼。想不到别人的幸福也许对自己不适合，更想不到别人的幸福也许正是自己的坟墓。其实，这些不平衡的心理都来源于比较，人们攀比后的结论就是，所有的问题来自于爱人，如果妻子能漂亮点，带出去该多有面子；如果丈夫能年薪百万，我就不用这么辛苦……好好的一天，好好的心情，好好的一家人，往往因为这些抱怨眨眼间风云突变——最初两个人会把“离婚”当口头禅，后来，两个人便赌气了，于是双方就开始争吵，最初的那份心动和激情早已荡然无存。这样的生活还幸福吗？当然不！这是你要的结局吗？应该也不是！既然如此，为什么总是羡慕、嫉妒他人的生活，而不关注自己的幸福呢？

人们常常认为“美好的风景在别处”，有时候还饱含了一种对未来生活的幻想，当然，渴求改变现有生活并没有什么过错，但如果你因此而忽视了现有生活的美好，就有点得不偿失了。而事实上，“别处的风景”有时候并不美，我们拥有的幸福才是真实的。

我们不会担心自己的孩子在上学的路上是否会被绑架；我们不会看到陌生人就恐慌害怕；我们不会想象自己的另一半是否因为金钱的关系而与我们对簿公堂；股市风云对于我们而言没有任何的损失，我们看不到金融危机的来临对我们的挫败，因此，我们简单并快乐地生活着。

总之，我们每个人，对于现在的生活，都应持有知足的心态，对于身边的人，也应该珍惜。放下对于别处风景的幻想吧，我们都有自己的天空，有自己的土地，有自己的蓝天，有自己的快乐，有自己的幸福，不去羡慕别人，这样你的生活才会变得悠然平静，从容不迫！

第 05 章

“舍”是一种播种，“得”是宽心后的累累硕果

生活中，我们常常听人说：“天下没有免费的午餐。”一个人要想有所收获，就必须先付出。人们常说一分耕耘，一分收获。农民不去种地，不去播种，大地会回报你丰硕的果实吗？工人不去工作，你能得到公司给你的回报吗？学生不努力学习，不付出时间和精力，能取得好的成绩吗？对于恋人，你不付出你的真情，你能得到她的真心吗？当然不会！总之，只有“舍”得播种，才会有所收获，有“舍”才有“得”，才能体会收获的喜悦！

播“舍”的种子，收“得”的果实

我们都知道，正如“舍”与“得”这一对反义词一样，“播种”和“收获”也是相对的两个概念，但同时，它们又是联系在一起的，付出一定有收获，播种一定有果实，没有付出难得收获。多少古人挑灯埋头、努力读书最终金榜题名；爱迪生苦心钻研、做了无数次试验最终发明了灯泡；勾践卧薪尝胆十年收获了最后胜利；孙膑付出了双腿收获的是魏军大败；红军战士付出了鲜血和生命收获了中国的统一，创造了今天和谐的社会……而生活中的我们，若想收获满满的人生，就必须从现在起，舍得付出，舍得安逸的物质生活。如果我们只贪图眼下的生活，不懂得未雨绸缪，不愿意播种，那么，当别人满载而归的时候，你得到的只有失望。

曾经有一个关于寒号鸟的传说。

这种鸟很特别，它长着四只脚，两只光秃秃的肉翅膀，不像一般鸟那样拥有轻盈的翅膀，不会在天空飞行。其实，寒号鸟原本不是这样的。

很久以前的一个夏天，寒号鸟比其他鸟类更漂亮，它全身长满了洁白的、美丽的羽毛，因此，它很骄傲，认为自己是最漂亮的鸟，甚至不把鸟类之王——凤凰放在眼里，它每天不干活，只知道炫耀自己的美貌。

很快，秋天来了，所有的鸟类都忙开了，有的开始飞向南方避寒，有的开始准备过冬的食物。只有寒号鸟，既没有飞去南方的本领，又不

愿辛勤劳动，仍然整日东游西荡，到处炫耀自己身上漂亮的羽毛。

眨眼，冬天来了，大雪纷飞，所有的鸟类都躲起来过冬了，只有寒号鸟饥寒难耐，而且，它身上的美丽羽毛也都掉光了，它更冷了，只好躲在石缝中避寒，它不停地叫着：“好冷啊，好冷啊，等到天亮了就造个窝啊！”等到天亮了，太阳出来了，温暖的阳光一照，寒号鸟又忘记了夜晚的寒冷，于是它又不停地唱着：“得过且过！得过且过！太阳下面暖和！太阳下面暖和！”

整个冬天，寒号鸟就这样凄惨地过着。等到春天来临，其他鸟类飞来石缝旁边时，寒号鸟已经冻死了。

这个寓言故事同样说明了有播种才会有收获的道理。鲁迅曾说过：“伟大的事业同辛勤的劳动成正比，有一分劳动就有一分收获，日积月累，从少到多，奇迹就会出现。”勤奋源于执着，永不放弃，永不松懈。假如你渴望成功，那就抓住今天，立即行动！人生中没有比今天更重要的日子，生活在今天，做好今天的事，抓住现在，每天进步1%，你就离成功近了一步。

我们都知道，成功人士的优秀品质有很多，而努力肯定是其最重要的品质之一。生活中的每个人，要想在日后有所作为，就必须从现在开始养成努力付出的好习惯。这首先是一个态度问题，只要你坚持这种态度，久而久之就形成了一种习惯，最后，这种习惯会融入你的生命，成为你展现个人魅力的优秀品质。每天进步一点点，持之以恒，水滴石穿，他日必将能成就自我。

60年前，在加拿大，有个叫让·克雷蒂安的少年，他曾生过一场大病，自从那次生病之后，他因为嘴角畸形说话变得口吃。后来，他听一位医生说，嘴里含着石子就可以矫正口吃，于是，克雷蒂安就整日在嘴里含一块小石子练习讲话，以致嘴巴和舌头都被石子磨烂了。

他的母亲看到儿子这么辛苦，抱着儿子哭着说：“孩子，不要练了，妈妈会一辈子陪着你。”克雷蒂安反过来安慰妈妈，为妈妈擦眼泪，坚强地说：“妈妈，蝴蝶要经过痛苦的过程才会变得美丽破茧，我

也要矫正自己的口吃，也要成为一只美丽的蝴蝶。”

功夫不负有心人。终于，克雷蒂安能够流利地讲话了。他勤奋且善良，中学毕业时不仅取得了优异的成绩，还获得了极好的人缘。

1993年10月，克雷蒂安参加加拿大总理大选时，他的对手大力攻击、嘲笑他的脸部缺陷，他们不怀好意地说：“你们要这样的人来当你们的总理吗？”然而，克雷蒂安的事迹早已感动了所有选民，对于这样的谴责，选民们表示出了强烈的愤慨和谴责。

在竞选演说中，克雷蒂安诚恳地对选民说：“我要带领国家和人民成为一只美丽的蝴蝶。”结果，他以极大的优势当选为加拿大总理，并在1997年成功地获得连任，被国人亲切地称为“蝴蝶总理”。

一个口吃少年竟然变成了人人敬仰的“蝴蝶总理”，他真的如蝴蝶一样，实现了自己人生的蜕变。在他的成功之路上，真正的动力就是辛勤和努力。虽然他刚开始有缺陷，但正是缺陷的存在，才使得他认识到幸福与尽早努力的关系。

即使你的目标是短视与功利的，但是，如果不过完今天，那么明日就不会来访。到达心中向往的地点，没有任何捷径。“千里之行，始于足下。”无论多么伟大的梦想都是靠一步一步、一天一天积累实现的。

其实，“播种”与“收获”本身就是一个“舍”与“得”的关系，舍得付出，才有收获。“天道有衡，不舍不得。非有放弃，岂能得到。所得所弃，权衡由心。得时无喜，弃不足惜。无忧无惧，功乃天成。”舍得才能获得；要争取“得”就先学会“舍”。一分耕耘一分收获，只有付出努力，才能不断取得进步。只有在春天播种，秋天才能有所收获，冬天才能享用胜利的果实。“机遇是留给有准备的人”，美国篮球名将乔丹对此深有体会，他说：“机会是为有准备的人而准备的。抓紧所有的时间，让力量发挥到极致，那些斑斓多彩的机会，一个个就会来到这些人面前了。”因此，现阶段，我们要做的就是为未来“播种”、充实自己的内在。

心存善念，种善因得善果

俗话说：“种瓜得瓜，种豆得豆。”这句话的含义是，种什么，收什么。比喻做了什么事，得到什么样的结果。自己付出多少努力，就会收获多少成果。如果你付出了努力，那么，你一定会有收获。如果你种下善因，获得的当然是善果。因此，我们在做事前，一定要考虑到后果。如果你常常为他人着想，那么，在某个关键时刻，他人也会很自然地为你着想。然而，当自私占据内心的时候，种下的便是恶果。

这天，一个中年妇女从集市一对农民夫妇那里买了一袋大米，并交给对方200块钱。恰巧，当这位妇女准备离开集市时，她又遇到了这对夫妇。但不幸的是，不知为何，这位中年妇女好像扭伤了脚。农民夫妇见状，便用他们的人力车把中年妇女送到医院。待安置妥当后，二人意欲告辞，谁知这名妇女一把拉住他们的手，羞愧地说：“我买你们大米的钱，用的是假币。”说罢，拿出两张100元真钞，塞到农民夫妇手里。

是什么让中年妇女痛改前非、认识到自己的错误？是农民夫妇的质朴和善良！仅仅一步之遥，她没有陷入良心的谴责之中。有时候，一步之遥可以改变一个人的一生，而更多的时候，我们却没有勇气迈出这一步。

生活中有许多这样“一步之遥”，真与假之间，善与恶之间，美与丑之间，往往取决于这一步之遥，关键在于你如何把握自己，不偏离人生的航线。

还有一个寓言是这样的：

从前有这样一个国家，国王和所有国民都没有接受宗教的教化，因此，他们更相信那些奇异的邪法。每当举行祭祀时，他们就大肆杀生，国内的动物成了祭典的牺牲品。

有一年，国王的母亲病重。和往常一样，国王只好求助于巫师们，他说：

“我的母亲患病时间已经很长了，我一直在寻找医生为她医治，但都没有什么效果。所以不得不求助于各位，各位都是饱学之士，智慧超群，通达事理，也知晓宇宙景象。到底是什么原因呢？如何才能医好呢？希望诸位能详细解释。”

这群巫师还是按照老法子来，他们告诉国王：首先得在郊外找块干净的土地，群山围绕，面向日月星座建造一座祭坛，杀一百头不同的畜生和一个小孩来祭天，国王和母亲都要亲临祭拜，这样您母亲的病才能痊愈。

国王自然听信了巫师们的话，他吩咐手下的人准备好了所有的东西，开始祭天仪式。

因为要杀的生命太多，哭泣声太大，释尊听到了，“为了救一个人，竟牺牲这么多无辜的生命。”国王的愚蠢、顽固与残暴让释尊觉得必须阻止这场恶行。于是，他带领一行弟子赶往祭天现场。巧的是，他与国王不期而遇。

看到释尊，国王非常感动，那些即将被屠杀的人看到释尊，觉得解救自己的人出现了。

于是，按照礼数，国王亲自下车，并取下头盖，合掌长跪望着释尊。

释尊问国王：“大王，你们想上哪儿去呢？”

“我的母亲常年患病，无法医治，现在我终于知道原因了，我们正准备向四山五岳祈祷，答谢星座，乞求让母亲延年益寿，早日康复。”

释尊一听，便知道这是个愚昧的国王。于是，释尊这样说道：“大王，你若想五谷丰登，就不能只靠天，而应该努力耕作；你若想坐拥财富，就必须广行布施。若想延年益寿，自然要与人为善。善有善报恶有恶报，你为保母亲延年益寿固然很好，但却以杀害众多生命为代价，如此怎能得到善报呢？若想延寿百岁，与其屠杀牲畜来祭拜天上诸神，倒不如做一件善事来得好。”

释尊说完，立即佛光普照，然后消失了。国王等一行人听完以后，如梦初醒。于是，国王释放了所有人，并开始大赦天下，不久以后，国王母亲的病便好了。

这里，释尊的一番话是有道理的，种瓜得瓜，种豆得豆。我们想要获得什么，也就必须种什么种子。的确，很多时候，事情的结果往往取决于我们的思维方式，如果我们选择善意的思维方式，那么，结的就是善果；如果我们选择恶意的思维方式，结的自然就是恶果，也终将害人害己。

因此，在人生旅途上，我们应该警醒自己，心存善念，多为他人着想，那么，人生之路就会越走越宽。

当然，有一点必须注意，即博爱和宽容不应该仅仅挂在嘴边，而应该付出真心。以仁爱之心去爱人，无论是对我们的朋友或者曾经的敌人，用我们的真诚去打动每一个人，即使真的做一次东郭先生又何妨？再凶恶的豺狼也有善良的一面。

总之，我们需要记住的是，从天使堕落到魔鬼仅一步之遥，从魔鬼升华为天使亦近在咫尺，选择只由自己。

将欲取之，必先予之

老子《道德经》中曾有这样的记载：“将欲去之，必固举之；将欲夺之，必固予之。将欲灭之，必先学之。”主要意思是：想要夺取它，必须暂时给予它。你想要得到什么，必须先要付出什么。这句话流传至今，已经变成了“将欲取之，必先予之”。的确，没有人能随随便便成功，也没有人能不劳而获，今天的成功得益于昨天的积累，明天的成功则有赖于今天的努力。其实真正的成功是一个过程，是将勤奋和努力融入每天的生活中，融入每天的工作中。

从前，有一位明君，他勤政爱民，他在位的那些年，国家风调雨顺，人民安居乐业。但年逾花甲的他开始担心，万一有一天自己离去了，他的人民该怎么办？他们还会幸福吗？一直被此问题困扰的他，召集了很多有识之士，希望能寻找一条能保人民生活幸福的永世法则。

三个月后，这些学者把一本编好的书交给明君，并对他说："陛下，天下间永葆幸福的法则就在这本书里，只要人民每天都阅读它，就能生活无忧了。"明君不以为然，因为不是每个人都认识字，也不是所有人都愿意读这本书。于是，这帮学者必须接受国王的命令——继续寻找这一永葆人们幸福的法则。

又过了一个月，学者们把这本书简化成十张纸。明君还是不满意。再过一个月，学者们把一张纸呈献给明君。明君看后非常满意地说："这就对了嘛，只要我的人民都能遵守这一条法则，还怕过不上幸福的生活吗？"说完便重重地奖赏了这帮学者。

原来这张纸上只写了一句话：天下没有不劳而获的东西。

我们的生活中，总有一些人，他们希望自己能得到命运的垂青，能快速发达，但他们却忽视了一点：想要有所成就，就必须脚踏实地地努力做事。任何投机取巧的心态都是不可取的，只要我们能克服这一点，那么，成功就离你不远了。因为投机取巧的心态正是全力以赴的大敌。记住：天下没有不劳而获的东西!

万通集团创始人冯仑曾经谈到一个观点，作为一个商人，只有将"权"与"利"统一起来，才达到了最高境界。你获得了财富，然后依法纳税，这是一种责任，尽管赚钱是商人的最根本目的，但更主要的是利润背后的东西，只有懂得给予才是真正地得到。

的确，今天不过去，明天就不会来到，再伟大的理想，如果没有一天一天的积累，也会破灭。生活中，输得最惨的不是那些笨人，而是那些聪明人！为什么呢？很简单，笨人承认自己笨，所以他们会脚踏实地地工作，最后他们都实现了自己的目标；而聪明人认为自己足够聪明，总想投机取巧，往往输得很惨，所以智慧和实干比起来，实干更加可贵。

曾经有一个养殖村，这个村子里的村民基本上都以养猪为生。

一次，村里的猪圈被邻村的人破坏了，几头猪跑了出去。这些猪经过“放养”以后，变得很凶悍，人们很难捕捉到它们。

一天，村里的一个老者说自己要把这些猪都捕捉回来，人们都嘲笑他，因为即使村里那些猎手也很难做到。然而，老人却做到了。

老人是这样做到的：他首先找到这些猪经常出没的地方，然后在空地上放少许谷粒当诱饵。刚开始，这些猪还很聪明，都不靠近这些谷粒，但几天之后，它们发现这片空地是安全的，便把那些谷粒都偷吃了。随后，老人又在空地多放了些诱饵，只是几尺远的地方竖起一块木板。这些猪一看到木板，就“撤退”了。但面对那些诱人的谷粒，它们还是经受不住诱惑，于是，它们又回来了。此后，老人每天都会在谷粒旁边多加几块木板，看到这些木板，这些猪还是会远离一阵子，但最后又都再来‘白吃午餐’。最终，围栏做好了，陷阱的门也准备好了。这些猪因为不劳而获被老人重新“圈”了回来。

这里，可能我们会取笑野猪的愚蠢，但从另一个方面看，我们发现老人是聪明的，他之所以能捕捉到野猪，就是因为他懂得“将欲取之，必先予之”的道理，于是，他采用放置诱饵的方法，最终捕获了自以为可以吃到免费午餐的野猪。

总之，我们需要记住的是，世界上没有不劳而获的东西，更没有免费的午餐，我们若想得到什么，就要为之努力，有付出才有收获，就要摒弃投机取巧的心态，从今天起，为自己的梦想付出行动，努力充实自己，一步一个脚印，只有这样才能收获满满的人生！

没有十年寒窗苦，怎有金榜题名乐

俗话说：“金无足赤，人无完人。”没有人天生注定就是一个天才。没有人天生就是一个蠢才。没有一个人是老天决定了他的智商。所以，从每一个人诞生起，上天就给予了他与别人同样的智商。可是，在追求学业的过程中，为什么有些人名列前茅，而有些人名落孙山呢？答案只有两个字：勤奋。可能很多人都对自己还没有全面的认识，甚至有一些人会因为不够优秀、外貌上的一些不足而感到自卑。但大家却没发现，如果你足够勤奋、做足准备的话，那么，你也是优秀的。正如人们常说“没有十年寒窗苦，怎有金榜题名乐”？如果你能静下心来，勤奋学习，那么，你的付出总会收到成效。

爱因斯坦小时候，是被大家公认的笨蛋，无论是同学还是老师都认为他笨得无可救药了，但爱因斯坦却不承认自己笨，并且，他最终用勤奋证明了这一点。

一次，老师给大家上手工课，其他同学交给老师的都是自己做的精美的作品，而爱因斯坦交给老师的，却是一个做工粗糙的小木凳子，大家一看，都不禁笑出声来，都认为这无疑是世界上最糟糕的东西。而就在此时，爱因斯坦却拿出了两个比这个更加糟糕的小凳子，这时，老师和同学们惊呆了，也由此改变了对他的看法。

这次事件证明了爱因斯坦的勤奋，从此，同学们和老师对他产生了新的认识。而长大后的他更加异常勤奋，一天二十四小时的大部分时间，他都是在实验室度过的。别人学习时，他在学习，别人玩耍时，他还在学习，甚至别人休息时，他依然不停地学习、钻研。经过多年的努力，爱因斯坦最终以“相对论”而闻名于世。

“勤能补拙”这句话用在爱因斯坦身上再合适不过了。爱因斯坦之所以能取得伟大的成就，就在于他的勤奋，是因为他符合时代的要求，

不断探索，敢于创新。

纵观古今中外，曾涌现出无数个令人敬佩的有名人士，他们并非一生下来就掌握了某种本领或拥有异于常人的智慧，但是最终，他们却得到了人生的馈赠，他们之所以如此幸运，并不是因为上天的眷顾，而是因为他们都有一种难能可贵的精神，那就是真正的勤奋。

马克思说：“自暴自弃，这是一条永远腐蚀和啃噬着心灵的毒蛇，它吸走心灵的新鲜血液，并在其中注入厌世和绝望的毒汁。”自信心的确具有无可比拟的重要作用，许多人之所以失败，不是因为失败打败了他们，而是他们打败了自己，失败后的自卑使得他们不敢争取，他们陷入了自卑的情绪之中。这正如莎士比亚所说：“假使我们自己将自己比作泥土，那就真要成为别人践踏的东西了。”如果你认为你会失败，那你已经失败了。

我们可能不曾了解的是：从科学的角度看，勤奋可以反复地刺激人类的脑细胞，而且勤奋还可以提高头脑的灵活性，使人变得更加聪慧灵敏。生活中一些天资较差的人，往往都是因为勤奋而让自己变得机敏起来。

除了科学方面的证实以外，生活中 “勤能补拙”的例子更是数不胜数。曾经有人说过：天才是百分之九十九的汗水加上百分之一的灵感。再来回忆一下，中国著名戏曲表演艺术家梅兰芳曾经说过：我是个笨拙的学艺者，没有充分的天才，全凭自己的奋力苦学。他的话告诉我们：即使你是个不聪明的人，但只要你能正确认识自己，并努力提高自己，就能实现“勤能补拙”。我国京剧大师梅兰芳曾经在拜师学艺时，被师傅认为是长着一双死鱼眼，他认为梅兰芳根本不是学戏的料子，因此，他坚持不肯收这个徒弟。

然而，即使遇到这样的打击，梅兰芳也没有灰心，而是更加勤奋了。他练习眼神戏的方法是独到的，每天，他都喂鸽子，仰望着天空，双眼紧跟着飞翔的鸽子；他还养金鱼，并不断观察鱼儿的动静。经过多年的不懈努力，梅兰芳的眼睛终于变得如一汪清澈的秋水，熠熠生辉，

脉脉含情。

当然，生活中，并非只有名人的事例才能表现“勤能补拙是良训”这句话所蕴含的道理。如果你试着观察一下自己身边的一些人，就会发现他们和那些名人一样，具有勤奋的精神。多少次，当你沉浸在游戏的快乐中时，他们却在默默地努力着；多少次，当你和朋友闲聊时，他们却在静静地思考着；多少次……也许他们的天资并不如你，但是往往最后，成功者的头衔却属于他们。这是为什么呢？原因只有你自己知道。这里，我们看到的也是舍得的智慧，一个人，只有舍弃安逸的生活，舍得在当下的事情上下功夫，才能取得你想要的成就。

要想知道一个人的成就有多大，不光要看他所获得的荣誉和知名度，更要了解他在成功之前究竟流了多少汗、克服了多少困难、花费了多少心血。准确地说，就是看他到底有多勤奋。要知道，曾经有过失败的人或许是勤奋的，但最终获得成功的人绝不是懒惰的！

其实，无论是追求学业还是实现理想的过程，我们一定要相信勤奋的力量，没有十年寒窗苦，怎有金榜题名乐？从现在起，只要你舍得下功夫、努力学习，那么，你一定会有所收获！

丰厚的回报来自精心的投入

俗话说：“台上一分钟，台下十年功。”在台上表演的时间往往只有一分钟，但为了台上这一分钟的表演，许多人却要为此付出十年的艰辛努力，甚至需要付出更长时间的努力。我们应该记住，通往成功的道路从来都不会风和日丽，人生必须穿过逆流才能走向更高的层次，最重要的是在这个过程中要精心地投入。“锲而舍之，朽木不折；锲而不舍，金石可镂。”一个人只要有恒心，迈着坚定的步伐，义无反顾地向前走，最终会沐浴到胜利的光辉。

可见，一个人若不付出，不努力，只梦想着成功，那根本犹如做

白日梦，时间不会给予你任何东西，只会给你的人生留下一段空白。生活就是这样，你需要付出，才能有所收获，而这样的付出是不间断的，一旦你放弃了，那你即将获得的成功也会消失不见。更多的时候，你的付出与收获是成正比的，你付出的汗水和艰辛越多，你收获的东西也就越多。相反，如果你一点都不想付出，只想坐等成功，那是根本不可能的，结果等来的只是一场空。

1895年，康纳利被哈佛大学录取，学习古典文学。当时在学校，他已经是全美三级跳远冠军了，听说这次奥运会即将在雅典举行，他便向学校请了8周假去参赛，但学校拒绝了他的要求。内心坚定的康纳利执意要去奥运会上试一试自己的身手，于是，他毅然离开了哈佛，自己争取到了参加奥运会的资格，成为美国代表团11个成员之一。

同行的参赛队员都是免费参加比赛的，但康纳利太穷了，他享受不了这样的待遇。他这次是在一家很小的体育协会的赞助下参赛的，由于资金紧张，他花掉了自己仅有的700美元的积蓄，才登上了德国“德福达”号货船。

然而，就在启程的前两天，他的后背受伤了，这几乎毁了他的全部计划。幸运的是，从纽约到那不勒斯的航行过程中，他的伤竟然痊愈了。但刚刚下船，康纳利的钱包又被偷了，这还不算最糟糕的，由于时差关系，希腊和西方的日历不同，他们到达的第二天就要进行比赛，本来他们以为比赛会在12天之后举行。更糟糕的是，康纳利从小所练习的是单足跳、跨步、起跳，而奥运会三级跳远项目的起跳要求是单足跳、单足跳、起跳。

1895年4月6日下午，三级跳远比赛开始了。康纳利最后一个出场。他走到沙坑前面，把自己的帽子扔到了一个其他运动员跳不到的位置上，大声叫喊着：“我要跳到帽子那里去。”他在跑道上加速，按照新的规则，先做两个单足跳，然后起跳，最后落在了比他的帽子更远的地方，跳出了13.71米的好成绩，成为现代奥运会上第一个冠军。后来，康纳利与哈佛大学达成和解，并获得了博士学位。

也许，我们曾得到的信息多半是这样的："1896年4月6日，来自美国哈佛大学的大学生詹姆斯·康纳利成为奥运史上的第一个世界冠军。"这只是我们所知道的表面的成功的信息，却不知其背后的艰辛，且不说康纳利在去参加比赛之前所遇到的糟糕情况，我们只是说康纳利从小就开始练习跳远，但直到上大学之后，才有幸参加了奥运会，因此才展露了自己的才华，这其中，他付出了多少心血呢？他舍弃的是多少个同龄人玩耍、嬉戏的机会呢？

我国伟大的数学家童第周在很小的时候就有很强的好奇心，对于他不明白的问题，他都要找到答案，他的父亲每次遇到好问的童第周，都耐心地给他讲解。

一天，童第周看到屋檐前面的石阶上有很多小坑坑，他不明白，就去问父亲，这些小坑是谁凿出来的。

父亲看到儿子这样好奇，高兴地说："这不是人凿的，这是檐头水滴下来敲的。"

小童第周感到更奇怪了，水能有这么大的力气吗？父亲耐心地解释说："一滴水当然做不到，但时间能让水做到。一点一滴的水经过成年累月的敲击，不但能敲出坑，还能敲出一个洞呢，古人不是常说'滴水穿石'吗？就是这个道理。"

父亲的一席话，让小童第周陷入沉思，他坐在屋檐下的石阶上，望着父亲，似懂非懂地点点头。

曾经一度，因为农活比较多，童第周不想学习了。这时父亲耐心地开导他："还记得爸爸跟你讲过的'滴水穿石'的故事吗？水能穿石，就是因为坚持不懈。同样，人也需要恒心，学知识更是如此，只有通过一点点的积累，坚持不懈才能获得成功。"同时，为了更好地鼓励童第周继续上学，父亲书写了"滴水穿石"四个大字赠给他，并充满期望地说："你要把它作为座右铭，永志不忘。"

生活中，做任何事情都需要一个过程，一点点积累，就足以凝聚成一股巨大的力量。如果你放松了平日的努力，只靠临时抱佛脚，那注定

会失败。平日里不断努力却没有得到回报的人们，心里总是抱怨：为什么上天不公平呢？其实，上天给予我们的都是公平的，如果你还没有得到回报，那只是因为还没到时机，因为时间就是最好的见证者，它见证了你一点点的努力，它也将见证你最终的成功。

哲人说：“成功者大都起始于不好的环境并经历许多令人心碎的挣扎和奋斗。他们生命的转折点通常都是在危急时刻才降临。经历了这些沧桑之后，他们才具有了更健全的人格和更强大的力量。”生活中的人们，你若想收获丰厚的回报，想取得他人不能企及的成功，就必须付出比他人更多的努力！

鲜美的汤需要你舍得花更多的功夫

生活中，大概我们每个人都有过这样的经历：我们买了多种食材，准备熬一锅鲜美的汤，然而，一锅汤往往需要好几个小时。这期间，我们因为耐不住寂寞，而提前结束了熬汤的过程。很明显，这锅汤是欠火候的，我们为此悔不当初。其实，何止是熬汤呢？我们做很多事情，都是因为克服不了浮躁之气而最终失败。艾森豪威尔说：“在这个世界上，没有什么比‘坚持’对成功的意义更大。”的确，成功需要坚持。雄伟壮观的金字塔的建成正因为它凝结了无数人的汗水；一个运动员要想获得冠军，前提必须是冲刺到最后一瞬。如果有丝毫松懈，就会前功尽弃，因为裁判员并不以运动员起跑时的速度来判定他的成绩和名次。

同样，生活中的人们，无论你做什么事，要想获取成功，就得付出坚强的心力和耐性，正如托马斯·爱迪生所言，成功中天分所占的比例不过是1%，剩下的99%都是勤奋和汗水。

在美军历史上，艾森豪威尔是一个充满戏剧性的传奇人物。

美军历史上，获得五星上将的人一共有10名，而艾森豪威尔是所花

时间最少的一个人——4年，被称为“第一快”，与之相比，马歇尔花了20年，麦克阿瑟花了16年，布莱德雷花了9年；阿诺德从准将到五星上将花了12年！这是他的“第一快”。艾森豪威尔之所以会取得如此大的成就，源于其坚持的品质。

年轻的时候，在一次晚饭后，他和家人一起玩纸牌，连续几次，他的牌都很差，他开始抱怨自己的牌运。被正在干家务的妈妈听见了，她走过来，对儿子说：“如果你真要玩牌，就必须用你手中的牌玩下去，不管那些牌怎样，都要坚持到底！”

对于母亲的话，他有点疑惑，母亲又说道：“其实，人生也是这样啊，无论上帝给了我们怎样的牌，我们都必须拿好，并打好每一张牌，坚持到底，就能看到好的效果。”

很多年后，艾森豪威尔一直牢记着母亲的这番教导，从来没有抱怨过命运。相反，他总是以积极、乐观的态度，以坚持不懈的意志去迎接命运的挑战，竭尽全力做好每一件事情。

艾森豪威尔的故事告诉所有年轻人，无论做什么事都要踏踏实实，一步一个脚印，持续和努力会为你带来意想不到的收获。

或许，我们都听过“龟兔赛跑”的故事，然而在生活中，不乏“龟兔赛跑”的例子，有的人成了爱睡觉、对事情三分钟热度的兔子，他们总是情绪不稳，一会儿想要夺冠，一会儿想要偷懒，结果输了比赛。而有的人则成为慢腾腾的“乌龟”，虽然跑得比较慢，但他们情绪和心态都比较稳定，认准了一个目标就认真地去完成，这样反而适应了社会的规律，最终夺冠。那些做事只有三分钟热度的人，他们似乎还没有进入真正的角色，有些人甚至对做事很不耐烦，他们的三分钟热度就好像是一种预警，预示着他们会放弃，或者被社会淘汰，在更多的情况下，他们往往在东奔西跑中一事无成。

在生活中，做事不能只有“三分钟热度”，而是需要在保温中加温，需要持之以恒，这样才能有所作为。现代社会，不少年轻人在刚开始工作时满腔热血，但时间久了就懈怠了，最终一事无成。其实，

工作不仅依靠热情就能做好的，它更需要在保温中加温，坚持，坚持，再坚持，而不是三分钟热度，只有这样，你才是真正的职业人。

从前，有一个小和尚，他做事喜欢半途而废，只要遇到一点困难就退缩。

这天，寺庙内的方丈交给他一项任务，那就是在木板上切一条刀痕。每天晚上，当小和尚在木板上刻了一刀之后，方丈就将木板锁起来，然后第二天晚上再让小和尚刻一刀。这样连续了好几天。

一天晚上，小和尚和往常一样，在木板上刻了一刀，但没想到，一刀下去，这块木板被劈成了两半。方丈说：“你大概想不到那么一点点力气就能把一块木板切成两大块吧？一个人一生的成败，并不在于他一下子用多大的力气，而在于他能否持之以恒。”

的确，在生活中，有很多事情并不仅仅依靠三分钟热度就可以做好的，也不是一朝一夕就能做到的，而是需要持之以恒的精神，我们必须付出时间和代价，甚至是一生的努力，当然，在这个过程中，我们需要忍耐，坚持，再坚持，等待机会和成功的来临。

生活中的人们，专心致志于一行一业，不腻烦、不焦躁，埋头苦干，不屈服于任何困难，坚持不懈；只要你坚持这样做，就能造就优秀的人格，会让你的人生开出美丽的鲜花，结出丰硕的果实。

放弃是更深层面的进取

生活中，当我们做一件事，身心俱疲，想要放弃的时候，常被身边的人这样鼓励：“坚持，不要放弃。”然而，我们自身是否思考过，坚持真的会成功吗？事实上，当我们碰得头破血流的时候，才发现，原来自己一直在走一条错误的路，回过头来看，我们已经浪费了太多的精力。因此，我们在努力奋斗、勤奋学习乃至为梦想付出的过程中，不能太过盲目，而应该思索自己的方向是否正确，如果你发现自己离梦想越来越远，那么，你就要果断放弃，因为放弃有时候是为了更深层面的进取。

李维斯是家喻户晓的“牛仔大王”，他在年轻的时候，曾投入到西部淘金的热潮中。

一天，去西部的一行人，突然被一条大河挡住了前进的路，大家苦等数日，一直没有船只出现，接下来，要过河的人越来越多。李维斯看到这种情形，脑海中产生了一个好点子，那就是摆渡。就这样，李维斯挖到了人生的第一桶金。

当然，随着时间的流逝，摆渡的生意越来越清淡。再后来，李维斯又发现了一个赚钱之道——卖水。因为来西部淘金的人很多，然而，西部很干旱。就这样，他又赚到了一大笔钱。再接下来，与他抢生意的人越来越多。

终于有一天，一个身体强壮的人对他威胁道：“小伙子，以后你别来卖水了，从明天早上开始，这儿卖水的地盘归我了。”他原以为这人是同他开玩笑，没想到，第二天，对方看见他还在卖水，便二话不说把他暴打一顿，最后还将他的水车也一起拆烂。

就这样，李维斯不得不无奈地接受现实。然而就在他心灰意冷时，脑海中又闪现了一个想法，并且，他做到了——把那些废弃的帐篷收集起来，洗干净后，缝制成衣服，那么一定会有人愿意买。就这样，他缝成了世界上第一条牛仔裤。从此，他时来运转，最终成为举世闻名的“牛仔大王”。

李维斯为什么最终能成为“牛仔大王”？这是因为他有变通的思维，在原有的赚取财富的路行不通的情况下，他能果断地放弃，并不断地寻找新的机遇。

的确，几乎每一个人都渴望成功，但事实上，很少有人能预期获得成功。有的人盲目行事，心中一旦有好想法就马上实施，不等待，不忍耐，也不经过仔细思考，最终面临惨败。其实，要想获得成功就必须有周详的计划，经过一番斟酌和一段时间的准备之后再行动，而一旦发现

目标是错误的，就应该立即放弃，并调整新的方向，只有这样，才能最终获得成功。当然，在追求成功的过程中，有时候，我们需要放弃的不仅是目标和方向，还有让我们感到疲惫的压力。因为只有放弃压力，及时获得新的能量，我们才能轻松上路。

曾经，有个哲学家，一天，他给他的学生们授课，大家听得都很认真。

突然，哲学家拿起一杯水，问在座的学生：“各位认为这杯水有多重？”有人说是二百克，也有人说是三百克。

哲学家继续说：“是的，它只有二百克。那么，你们可以将这杯水端在手中多久？”在场的很多学生都说：“二百克而已，拿多久又能怎么样？”

哲学家很明白学生们的意思，但是他并没有表现出任何情绪，而是接着说：“拿一分钟，各位一定觉得没问题；拿一个小时，可能觉得手酸；拿一天呢？一个星期呢？那可能得叫救护车了。”哲学家说完，大家都沉默了。

哲学家继续说：“这杯水并不重，但是你若一直拿着，那么，你就会发现，其实它并不轻，拿得越久，就越沉重。其实，人的压力也是如此，不管压力是否沉重，但时间长了就会觉得越来越无法承担。所以，我们要做的就如同放下这杯水一样，在适当的时候，放下我们所承担的压力，好好地休息一下，然后再重新拿起来，如此才可承担更久。”

说完，教室里响起一片掌声。

的确，忙碌的生活、对名利欲望不停的追求，让人们的负担越来越重。为此，你不妨在适当的时候放松一下，等调整好了状态再重新拿起。是啊！“舍得舍得，有舍才会有得，”无论是工作还是生活，太过追求完美，必定会让自己很疲惫！

无心的投入可能换来意外的收获

中国人常说："有心栽花花不开，无心插柳柳成荫。"这句话的含义是，有时候想做一件事情，花了很大的精力，做了很多努力，但是结果并没能如愿；而不经意的事情，反而很顺利地得到好结果。的确，有时候，我们的一个无心之举却为我们带来了意外的收获。比如，我们偶然帮助的一个路人居然是你的高级领导，他的意见帮你顺利达成升职的愿望；从不买彩票的你某天心血来潮，买了一注彩票，居然还中了奖；考试前你随便复习过的一道题居然真的考到了……可能你会认为，这不是天上掉馅饼吗？当然不是，由此我们应该得到的正确结论是，有时候，无心的投入会为你带来意外的收获，但前提是，我们必须懂得付出，反过来想，如果你没有帮助那个路人，你还会得到上司的帮助吗？如果你没有买那注彩票，你会中奖吗？如果你没有复习那道题，你会幸运地取得好成绩吗？当然不会！因此，生活中的我们，如果能多付出一点，多为他人做一点，那么，也许你可能会得到一个意外的收获。

《战国策》中有这样一个故事：

在齐国，有个叫冯谖的人。他曾经一度贫穷到难以维持生计的地步。无奈，只好去求助当时的名人孟尝君。

孟尝君是个爱才之人，但冯谖说自己并没什么才能，但礼贤下士的孟尝君还是收留了他。这期间，冯谖总抱怨待遇不够好，孟尝君知道后，一一满足了冯谖的要求。

再后来，冯谖自愿去薛地收债，通过巧妙的操纵，让薛地百姓对孟尝君感恩戴德。为孟尝君开辟了一条后路。

冯谖就是孟尝君生命中的贵人，他之所以绞尽脑汁竭尽全力地为孟尝君做事，就在于报孟尝君的知遇之恩。这里，我们可以说，也许孟尝

君对冯谖的帮助完全属于无心之举，但正是因为他没有目的的帮助感动了冯谖。其实，像这样的事例在历史上何其之多，他们最终都取得了双向的成功。

的确，中国人常说：“善恶有福终有报”，多行善举、帮他人一把，在你看来，也许是举手之劳，但你会发现，他日当你陷入困境之时，却有一双手也帮了你，归根结底，最终帮助你的还是你自己。

小王是一家电子配件公司的销售员，他住进现在这个小区已经三年多了，他和周围其他年轻人不同的是，他很安静，平时也不怎么带朋友回家聚会。闲暇之余，他就去小区散散步，或者与长辈们聊聊天，和孩子们踢踢球等，久而久之，小区里的人都认识他，说小王这个小伙子人不错。

这天下班后，疲惫的小王做好饭，正准备打开电视机，突然有人敲门，是隔壁的周阿姨带着女儿来了。

“小王啊，我们家玲玲有道数学题不会，你看能不能……”

“当然可以，又不是什么大事儿，您先坐会儿，玲玲，你过来……”小王赶紧说。

很快，题目就解答完了。这时，周阿姨随便聊道：“小王啊，晚上吃什么呢？”

“就随便吃点啊。”

“那怎么行呢？年轻人工作累，身体得照顾好，吃饭可不能对付啊！”

“累是累，可是没什么胃口啊！”

“怎么了？小王，工作上有什么不顺心的事吗？”

“不瞒您说，做销售这一行，最头疼的就是产品卖不出去，因为和自己的业绩挂钩，而这卖产品，最重要的就是寻找客户，我手头上最近有批货，真不知道往哪里销呢？”

“也是啊，做哪行都不容易，对了，小王，你卖的是什么产品？”

“电子配件。”

“是不是类似手机电池的东西啊？”

“是的。”

“我有个亲戚，他开了个手机维修店，估计需要这方面的配件，我抽空帮你问问他。”

“是吗？要是这样就太好了，太谢谢您了，周阿姨。”

几天后，这位周阿姨把自己的亲戚和小王都约了出来，很快，小王就成功卖出了这批配件。

这件事以后，小王发现，只要自己脸皮“厚”点，敢向这些街坊四邻借力，他们都很乐意。一来二去，与街坊四邻的关系就更亲密了。

这则案例中，我们发现，小王“无心插柳”，居然解决了自己工作上的难题——成功卖出去一批产品，而这得益于他对邻居周阿姨的帮助。随后，小王发现借助街坊四邻的力量，可以更加轻松地找到潜在客户，他便以此为途径，在与邻居们的你来我往中，不仅做成了生意，还拉近了彼此间的距离。

当然，这里的“投入”，一定是“无心”的、“真诚”的，如果我们处心积虑地寻找“投入”的机会，可能你换来的就是失望！

第 06 章
“宽心”是一种包容，善待别人就是放过自己

很多时候，我们的眼睛只盯着对方的缺点，而丝毫没有意识到对方也有很多优点，这样一来，我们就会一叶障目不见泰山。实际上，要想与对方融洽相处，就要学会包容他人，从本质上来说，在包容他人的同时，也是放过自己。

能够宽恕他人是一种成熟

对于宽恕的理解，不仅仁者见仁，智者见智，而且不同行业的人对于宽恕也有不同的理解。浪漫的文学家们觉得“宽恕是在荆棘丛中长出来的谷粒”；而哲学家们觉得“宽恕是一个人修养和善意的结晶”；至于对人们的心理研究最有发言权的心理学家们则觉得“宽恕是生活幸福的一剂良药”；而总是为了人们的健康与各种疾病奋斗的医学家们觉得“宽恕是一个人健康的钥匙”。虽然说法各不相同，但是他们对于宽恕的认可和推崇却是一致的，即宽恕是一个明智者的人生伴侣，是庸人的永恒的敌人。在人际交往中，要想使自己拥有良好的人际关系，就要提倡“和以处众，宽以待人，恕以待人”，只有这样，才能够怀着一颗平和之心待人处事；也只有这样，才能使自己的心灵从各种各样的烦恼中解脱出来，享受更加美好的生活！

虽然很多人已经意识到了宽恕的重要作用，但却无法正确地使自己变得更加宽容，宽恕待人。现代社会，好事新事层出不穷，与此同时，怪事坏事也接连不断。随着社会的发展，人心似乎也变得越来越浮躁，明明没有深仇大恨，却因为一时的口角之争导致伤害了对方的身体和心灵，甚至闹出人命官司来。如此一来，非但个人生活受到影响，而且也不利于社会的安定和谐。实际上，不管你是什么人，也不管你在社会上的地位如何，都应该宽宏大度点。很多时候，得理不饶人的人是不讨人喜欢的，往往人缘很差，与此相反，不念旧恶，不计宿怨是一种美德，是一种只有智者才能拥有的博大胸怀。

19世纪，林肯担任美国总统期间，曾经受过很多人的嘲笑。其中，尤其以陆军部长斯坦顿的讥讽最令人难以接受，因为他打心眼里看不起这位总统。为此，他毫不留情地讽刺林肯是“老憨、笨蛋、长臂猿”，甚至还当着众人面挖苦林肯：“如今，坐在白宫里抓耳挠腮的简直是一只大猩猩，这样也好，人们就无须千里迢迢去非洲寻找大猩猩了。”听到这些充满恶意的人身攻击之后，林肯淡然一笑，非但没有动气发火，而且也没有挟嫌报复，与斯坦顿对他的评价截然相反的是，林肯给予了斯坦顿极高的评价，认为他“绝对忠于国家”，非常能干，精力旺盛。正是因为如此，无论斯坦顿怎样谩骂林肯，林肯还是毫无芥蒂地将其提拔为陆军部长。最终，斯坦顿认识到自己的过错，向林肯表达了自己深深的歉意。作为美国总统，林肯时时刻刻以国家利益为最高准则，高明磊落的胸怀和识人、容人、用人、汇集天下之才为国所用的气度以及不计个人恩怨的道德风范，最终赢得了人们深切的信赖与爱戴。后人评价林肯是美国历史上最受人们尊敬的一位总统。

战国时期，廉颇是赵国人所共知的良将，他英勇无比，立下了赫赫战功，因此被拜为上卿。蔺相如因为“完璧归赵”有功，所以被封为上大夫。很快，蔺相如因为足智多谋，在渑池秦王与赵王相会时，再次维护了赵王的尊严，所以，也被提升为上卿，而且官职还在廉颇之上。对此，廉颇颇有怨言。他扬言说：“假如我遇到蔺相如，一定会狠狠地羞辱他一番。他有什么功劳呢？居然位居我之上？”蔺相如听到这番话后，便有意避开廉颇，尽量不与其会面。其他人觉得蔺相如是害怕见到廉颇，为此，廉颇非常得意。然而，蔺相如却说：“廉将军和秦王哪个更加可怕？我连秦王都不怕，又怎么会怕廉将军呢？但是，秦国如今倒是有点畏惧我们赵国，这主要是因为有廉将军和我两个人在。假如我跟廉将军互相攻击，就会对赵国有害，反而使秦国肆无忌惮。我之所以避开廉将军，主要是以国事为重，不愿意顾及私人的恩怨而已！”很快，廉颇知道了蔺相如所说的这番话，非常感动，所以就光着上身，背负荆杖，专程来到蔺相如家请罪。他非常羞愧地对蔺相如说："和你的宽宏大量比起来，我真是太糊涂了！"终于，两人尽释前嫌，结成誓同生死的朋友。

只有胸怀宽广的人才能具备宽恕的美德，他们不仅有自知之明，而且有一颗容人之心。当然，宽恕并非仅仅指宽恕别人，很多时候，宽恕他人是一种成熟理智的表现。与此相对应，我们也应该宽恕自己，因为这是一种明智的选择。除此之外，很多人不满足于社会现状，其实，我们也应该宽恕社会。毕竟，整个社会的运转是一种非常复杂的程序，我们只有宽恕社会，才是一种自信的展示。也许有人会认为宽恕是软弱畏缩，事实并非如此，从本质上来说，宽恕是一种无声的等待，是一种默默的克制。宽恕是向善的通道，它来源于人类博爱和理性的情感，来源于道德的修养和知识的充实。

放宽心，事情原本可能更糟糕

生活中，我们总是期待一切朝着好的一面发展。然而，却往往事与愿违。其实，事情的发展都是多向性的，不可能按照我们的意愿去发展。很多时候，我们明明觉得已经万事俱备，只欠东风了，但是在实际操作时，总是因为各种各样的原因而发生很多微妙的变化。正如"蝴蝶效应"：指的是在一个动力系统中，初始条件下微小的变化可以使整个系统产生长期的巨大的连锁反应。这是一种混沌现象。

"蝴蝶效应"最早是由美国气象学家爱德华·罗伦兹于1963年在一篇提交纽约科学院的论文中提出来的。"一个气象学家提及，假如这个理论被证明是正确的，那么，仅仅需要一只海鸥扇动翅膀就足以永远地改变天气变化。举例而言，一只南美洲亚马逊河流域热带雨林中的蝴蝶，假如偶尔扇动几下翅膀，那么就能够于两个星期后在美国得克萨斯州引起一场龙卷风。"经过分析不难发现这种现象是有理论依据的，因为蝴蝶扇动翅膀的运动，能够使自己身边的空气系统产生变化，并且还会产生非常微弱的气流，而微弱的气流的产生又将引起周围空气或其他系统产生与之相应的变化，由此引起一个连锁反应，最终导致其他系统发生巨大的变化。这种现象也叫混沌学。再如，天气、股票市场之类的一定时段难以预测的相对复杂的系统中，“蝴蝶效应”很常见。广泛地说，事物发展的结果，对初始条件具有非常敏感的依赖性，初始条件的极小偏差，就有可能引起结果的巨大差异。在社会学界，“蝴蝶效应”主要说明了下面这个道理：一个坏的微小的机制，假如及时地引导、调节，那么就会给社会带来非常大的危害，戏称为“风暴”或者“龙卷风”；与此相反，一个好的微小的机制，假如正确地指引，那么只要经过一段时间的努力，就能产生轰动效应，也有人将其称为“革命”。

从“蝴蝶效应”中，我们不难得出一个道理，即事情有可能变得更好，也有可能变得更糟糕，只需要其中一个小小的改变。所以，当我们为事情糟糕而感到伤心绝望的时候，或者当我们为事情没有得到更好的结果而倍感遗憾的时候，不妨想一想事情也有可能变得更加糟糕。如此一来，你就能够变得更加释然，为自己得到眼下的结果而庆幸。正是因为如此，很多人在做事情之前会把最坏的结果考虑清楚，这样一来，不管结果如何，对他而言，都是最好的结果。相反，假如有人在真正开始做事情之前，总是想着最好的结果，那么，对他而言，任何其他的结果都是很糟糕的。实际上，这只是因为心理预期的不同。为了使我们更加乐观地对待发生的事情，我们不妨想一想，事情很有可能变得更加糟糕。

在足球场上，费迪南德是个让人既爱又恨的家伙。当年，他加盟利兹戴上队长的袖标，率领球队打进欧洲冠军联赛四强，时隔半年之后，他就脱下白色战袍加盟死敌曼联。年初，这位红魔后防线大将曾经与切尔西闹出了眉来眼去的绯闻，但很快，他就用头球终场前击败了利物浦，这是一个综合了悖论和矛盾的家伙，即使在国家队里，费迪南德也是毁誉参半，经常是世界级发挥伴随着漫不经心的低级失误，不过，这些都不妨碍他成为英格兰里奥·费迪南德。

费迪南德是队后防线上位置最为稳固的球员。然而，英格兰队在南非的一次训练中，费迪南德由于和赫斯基的拼抢使左膝盖受伤，马上被送往医院进行扫描。扫描结果带来了一个非常糟糕的消息，费迪南德的左膝韧带受到严重创伤，将无法参加世界杯决赛阶段的比赛。就这样，因为伤痛，费迪南德不得不告别世界杯。为此，他并没有责怪肇事者。在经过一夜痛苦的思考之后，他已经能够坦然面对现状了。

费迪南德平静地说，“在我去扫描之前，我就已经意识到自己和世界杯无缘了，之所以去医院进行检查，我只是想再确认一下而已。这的确让人非常失望，不过，我如今已经走了出来。”费迪南德坚定地说：“那件事情之后，第一个晚上特别难熬，要知道，那意味着你将失去代表你的国家参加世界杯的机会。我曾经无数次设想过关于世界杯的场景，率领国家队参加一次世界大赛是我的最大梦想，我几乎彻夜无眠。”

在历届大赛之前，都有很多明星球员因为种种原因最终与大赛无缘，并且酿成了一生的悲剧，对于已经有过三次世界杯经历的费迪南德而言，即使是这样沉重的打击好像也不足以“致命”。对于这件事情，费迪南德非常努力地表现出了乐观的一面：“在痛苦之后，我想我已经可以坦然面对了。还有很多人的情况比我更加糟糕。归根结底，我还健康地活着，今后还有机会从事足球运动，希望我能够早日康复，尽早归来！”

对于一个始终渴望在世界杯上一展雄姿的足球运动员而言，费迪南德遭受的打击是非常沉重的。但是，在经过一夜痛苦的煎熬和思考之后，他觉得对于自己而言，结果还不是最糟糕的。因此，他才能够坦然面对命运和自己所开的残酷玩笑。其实，生活中的很多事情都是如此，所以，我们应该做好最坏的打算，然后朝着最好的方向努力，这样一来，每一个结果都是很好的结果，你也能够怀着愉悦坦然的心情接受这一切。

人生原本艰难，何必再相互为难

早在远古时期，我们的祖先就在残酷的自然环境中艰难地求生。他们吃生冷的食物，住在临时搭建的山洞之中，食不果腹，衣不蔽体，就这样，一步步艰难地走到了现在，进化为如今的人类。毫无疑问，在物质生活方面，我们已经比祖先优越很多了，而且，随着医学技术的发展，人类也已经战胜了很多疾病，寿命更是比远古时代延长了很多。然而，随着社会的发展，人们的生存压力也越来越大。和远古时代的靠天吃饭不同的是，现代的人们要想生活得更好，就要更加努力地去与别人展开激烈的竞争，毕竟，社会的资源是有限的。所以，尽管物质生活极大地丰富了，但是，生存却变得越来越艰难。

看看如今的孩子，小小的年龄，就被家长带着去参加各种各样的亲子班；刚刚学会走路，就开始去幼儿园上学；甚至还没有进入小学，就参加了各种各样的培训班。是什么使得家长越来越望子成龙、望女成凤？答案是巨大的生活压力。在承担着巨大的生活压力的同时，为了使孩子将来能够生活得更好，这些家长在孩子很小的时候就开始带着孩子一路狂奔。即使大学毕业了，假如并非好专业，并非出自名校，也很难在一时之间找到合适的工作，因为就业的压力也很大。面对如此严酷的生存现状，我们应该怎么做？是更加急不可耐地投入到竞争之中，冷漠地面对身边的人，还是更好地面对生活，和睦地与人相处，相互帮助，彼此扶持？假如把这比喻成一道选择题，大家可能都会毫不犹豫地选择后一个选项，毕竟，生活原本就已经很艰难了，每个人都在艰难地为了生存而努力奋斗，又何必再自寻烦恼，相互为难呢？实际上，在现实生活中，恰恰很多人喜欢彼此为难，使原本就艰难的生活变得更加艰难。有的人因为走路的时候被过往的车子溅了一身水而破口大骂；有的人因为工作过程中与同事发生口角而大打出手；甚至，在坐公交出行的时候因为不让座， 有人打得不可开交。不得不说，人心太浮躁了，人们之间彼此为难，使生活雪上加霜。其实，车子溅了你一身水很有可能是不小心，没有看到泥水坑；工作中的事情可以据理力争，但是最好不要进行人身攻击，大打出手更是没有必要；让座是人情，不让座是公道，我们可以对让座的人心怀感激，但是最好不要因为别人不让座而指责谩骂甚至殴打别人。

陈凯歌导演的《搜索》主要讲述了一位都市白领乘坐公交车时，因为没给一位大爷让座，所以遭到乘客轮番攻击，被拍下视频传上网后，网友们纷纷人肉搜索辱骂。

在杭州，同样上演了一幕场景。下午1点钟左右，在一辆从武林小广场开往农副产品物流中心的K192公交车上，一个小伙子，鼻子上架着红色镜框，看上去非常瘦小，坐在车厢中部的“照顾专座”上，正对着下车门的位置。

在登云路口站，一对年轻夫妻上车了，丈夫上身穿着绿色T恤，中等身材，看上去非常魁梧、强壮。妻子扎了个高高的马尾辫，怀中抱着一个孩子，看上去只有几个月大。当时，车厢里的人很多，夫妻俩挤到车厢中部的位置，恰好对着小伙子站着。

此时，车上的广播开始喊道：“请给有需要的乘客让个座，谢谢大家！”小伙子没有任何反应，因此，广播再次响起，连续播了4遍。

小伙子抬头看了看面前的夫妻，还是一声不吭。此时，一个女乘客好心地提醒司机：“后面站着抱小孩的乘客，再播放一遍喇叭给有座的乘客提个醒吧，万一紧急刹车，很容易出事。”司机扭过头来对乘客们喊了句：“大家必须都照顾下，让个座给有需要的乘客啊！”此时，小伙子再次抬起头，看了夫妻一眼，随后又迅速躲闪转头。

到了和睦新村站，后面有人下车了，这时，抱着孩子的妻子寻到空位，坐了下来。不过，丈夫仍然站在原地，怒火中烧地盯着小伙子。

当小伙子再次抬头的时候，与丈夫四目相对。丈夫突然爆发了：“你看什么看，车上坐着还看，看笑话吗？”一边说，一边抬起手朝小伙子的脸颊狠狠地扇过去，还没来得及作出任何反应，小伙子就连吃五记耳光。小伙子的红色镜框突然间飞了出去，鼻血也“唰”地流了出来。

据当时坐在后面的乘客刘先生回忆说：“这个巴掌打得是真响，光听声音我就无法忍受了，车厢里突然安静下来，大家都循声看了过来，没有人加以阻止。”

“那个抱着孩子的妻子也特别凶，坐在后面的位子上，还帮腔恶狠狠地骂那个小伙子：‘你是不是你妈养的？让座都不知道吗？’”没一会儿，这对夫妻就下车了。

小伙被打后，呆呆地坐在位子上，一声不吭，鼻血不停地往外流。

后来，一位头发花白的老奶奶慢慢地走到小伙子面前，从布袋里掏出几张方巾纸递给小伙子，说：“小伙子，擦擦。出了很多血，上医院检查检查吧。”终于，小伙子轻声说了句：“没事，不要紧。”

此时，旁边的乘客也帮忙拾起了断成几截的红色镜框。

小伙子把老奶奶给的方巾纸团拢，塞到鼻孔里，很快，几张方巾纸被血浸透了。

到了终点站，小伙子顶着大雨走了。

这简直就是《搜索》情节在生活中的真实上演，不知道这个小伙子的内心深处是否也隐藏着像高圆圆在《搜索》中饰演的叶蓝秋那样的心事。如今，关于让座的现象在大城市已然成了一个热门话题。然而，究竟该不该让座，却是一个道德上的问题。对于让座的人，我们应该心怀感激，说一声“感谢”。但是，对于不让座的人，我们也应该表示由衷的理解，毕竟，每个人都有自己的特殊情况。很多时候，我们可以直观看出一个人是孩子还是老人，是孕妇还是残疾人，但是我们却很难判断一个人是否有病。所以，当对方坐在座位上不愿意动弹的时候，我们应该既尊重自己，也尊重别人。此外，还有一种情况就是，如今在大城市中，朝九晚五的上班族其实是很累的，他们大部分都住在远离城区的郊区地带，因此，在压力很大并且来回的奔波之中，他们确实需要坐在座位上好好地休息一番。对于这种情况，我们也应该表示谅解。总而言之，让座是一个乐于助人的行为，接受了别人的帮助我们要表示感谢，但是假如别人因为特殊原因无法帮助我们，我们并没有权利横加指责，甚至大打出手。要知道，生活原本非常艰难，人与人之间应该多一些体谅和理解，不要再为难彼此。

做人无须争强好胜，赢了世界又如何

在生活和工作中，很多人都喜欢争强好胜，总想处处比别人强。然而，事情往往不尽如人意。正如常言所说的，好强的人没有好强的命。事实确实如此，很多时候，人太好强，反而处处不能顺心如意。要知道，人生错过了就再也无法回头。所以，我们应该知道自己真正想要的是什么，不要为了一时的争强好胜而使自己追悔莫及。对于任何人而言，人生都是非常短暂的，寿命短的，也许只有五六十年，即使寿命长的，也就是七八十年的光阴。在这短暂的光阴之中，你想得到的究竟是什么？是一时的风光、别人的艳羡，还是自己内心深处的幸福感受？

有些人生活得非常从容，因为他们知道自己想要什么，不管外界变化多么迅速，他们始终坚守自己的内心，坚守自己想要的人生。他们很少去攀比，因为他们的目标不是把别人比下去。相反，有些人则生活得非常局促，他们总是活得很辛苦，时时刻刻都要和别人一比高下。他们不仅和别人比吃、比喝、比穿，而且也和别人比老公、比孩子、比父母，总而言之，他们的一生离不开比较。假如比得过还可以盲目地乐观一下，但是一旦发现比不过别人，那么他们的心情就会陷入低潮，始终无法自拔。实际上，在人生终结的时候，从这个世界能带走什么？事实是，什么也带不走。对于任何人而言，一生的经历在生命逝去之后也会随风消散，所以，真正拥有的是活着时候的感受。由此可见，对于人而言，幸福和快乐的感受是最重要的，而不是当多大的官，拥有多少钱。

生死之间，任何人都是平等的，不管身份是高贵还是卑微，不管钱多钱少，都是空手而来，空手而去。假如能够明白这一点，那么你就会恍然大悟，意识到自己其实无须为了很多不值得的事情拼尽自己的全力。因为，即使你拥有这个世界，你也只能拥有这一生，你同样要面对生死的超越。

在讨伐许国之前，郑庄公需要为自己挑选先行官。为此，他组织了一场比赛，大多数武将都前来参加。为了得到郑庄公的器重，这些武将都非常珍惜这次难得的机会，希望在这次比赛中胜出。

经过第一轮击剑项目比赛之后，郑庄公从众多武将之中筛选出6个人，让他们进行第二轮比箭项目。这6个人里，有一个武艺高强、年轻气盛的年轻人叫公孙子都，他心高气傲，一向不把别人放在眼里。在这6个人里，他是第5个上场的，只见他搭弓上箭，3箭连中靶心。他扬扬自得地看了看最后一位选手。

最后一位选手是颖考叔，他是一个头发花白的老人。别看他的年纪已经很大了，但是他的射箭技术同样是一流的。只见他走上前去，从容不迫地射出3箭，也是连中靶心。

此时，庄公发现他们两个人全都武艺超群。相比之下，公孙子都比较年轻，有冲劲儿，是个难得的人才，不过，缺点是有点傲气；而颖考叔尽管有点老，但是他曾经劝庄公与母亲和解，武艺又高，也是个难得的人才。一时之间，郑庄公很难定夺，所以就决定再设一个项目，让他们二人一较高下。

庄公派人拉出一辆战车，对他们说：“你们二人站在百步开外，一起来抢这部战车。谁抢到手，谁就可以担任我的先行官。”两人都开始行动起来，公孙子都仗着自己比较年轻，以为自己必胜无疑。想不到的是，他中途脚下一滑，跌了个大跟头。等到他灰头土脸地爬起来时，颖考叔早已抢车在手了。所以，庄公公布颖考叔为先行官。自此以后，公孙子都对颖考叔怀恨在心。

在进攻许国都城的时候，颖考叔一马当先，手举大旗率先从云梯上

冲向许都城头。眼看着颖考叔即将大功告成，公孙子都妒火中烧，居然一气之下抽箭射死了颖考叔。众将士都以为颖考叔是被敌人射中的，所以就打起战旗，继续攻城，最终顺利地攻下了许都。

几天前，琳达向领导请假去参加一个葬礼。参加完葬礼，她告诉同事们，死者是她的大伯。大伯其实只有六十来岁，原本就患有轻微脑血管疾病。有一天，大伯在与几位老友玩麻将的时候，因为怀疑其他两位老友联手坑他，因此与他们发生争执。在激烈的争吵中，大伯情绪激动，恨得咬牙切齿，他想站起来去拉扯对方，但是，就在站起的那一瞬间，却猝然倒地身亡。医生诊断其猝死的原因是脑溢血。

在第一个案例中，颖考叔获得了先行官的官职。然而，在大功即将告成之际，因为得意忘形，颖考叔抢先上了城楼，最终被公孙子都一箭射死。在第二个案例中，琳达大伯的死则更加让人匪夷所思，麻将只是平日里的消遣，而且是和自己的老友一起玩。但是大伯却凡事较真，非要弄个清清楚楚，因为情绪过于激动引发了脑溢血，最终撒手人寰。在这两个案例中，死者都是因为争强好胜才失去了宝贵的生命。在人生的最后一刻，假如人们还有时间思考，那么一定会为自己曾经的争强好胜而懊悔，因为人活着只为争一口气而已。

不要过于在意别人的小瑕疵

俗话说：人无完人，金无足赤。在这个世界上，没有绝对的完美，不管是人还是事物。人们常说，有得必有失，有舍必有得。辩证唯物主义告诉我们，任何事情都是有利有弊。虽然道理人人都懂，但是生活中总有人揪住别人的小辫子不放，总是得理不饶人。其实，这是一种不明智的做法。毕竟，当你在意别人的小瑕疵的时候，你首先应该反思自己是否完美。古人云，己所不欲，勿施于人。假如你本身就不够完美，那么你有什么权利要求别人完美无瑕呢？由此可见，我们不应该过于在意别人的小瑕疵，而应该怀着一颗宽容之心去接受别人。

很多时候，过于完美的人或者是事物总是给人以不太真实的感觉。就像古人所说的，水至清则无鱼，人至察则无徒。意思就是说，水太清了，鱼儿就没法生存了。一个人太苛刻了，就很难交到朋友，因为没有人敢和他打交道。其实，凡事都有两面性，从一个角度来说，水清是好事，因为水太浑浊，就没有足够的氧气供鱼儿呼吸。但是，从生态的角度来说，水太清了，水中就缺乏微生物，导致鱼儿生存的生物链被破坏，鱼儿自然也就无法生存了。同样的道理，在这个世界上，谁能保证自己是完美的呢？谁能保证自己不会犯任何错误呢？可以说，没有人能够作出这样的保证。既然如此，我们就应该容忍别人的一些不完美和小瑕疵。很多时候，我们不能用自己的观点去评价别人，而要容忍一些不符合自己价值观点和评判标准的人和事物的存在。这样才能使自己更加宽容，从而交到更多的朋友，使自己的人际关系更加顺畅。

卫国的宁戚始终怀才不遇，很想帮助齐桓公治国，但是苦于没有途径。

一天，他帮商人赶着装载货物的车子去齐国，非常巧合的是，他遇到了桓公，宁戚感到非常悲伤，所以就敲着牛角大声唱起歌来。齐桓公听到歌声，情不自禁地心头一颤：“真是不同寻常啊，这个唱歌的人肯定不是普通人。”

很快，齐桓公就把宁戚请到了朝廷，并且赐予他衣服帽子，专门召见他。宁戚见到齐桓公之后，就把自己怎样治国的主张告知齐桓公。齐桓公听了特别高兴，准备任用他。出乎齐桓公的意料，大臣们却纷纷表示不同意，劝谏道：“这个人是卫国人。既然卫国距离咱们国家很近，咱们不如先去了解他，确定他是个非常贤德的人，再任用他也不迟。”不过，齐桓公却说：“无须多此一举。你们之所以建议我去了解他，无非担心他有一些小毛病，然而，要想天下杰出的人才为己所用，我们就不能因为人家的小毛病而否定人家的大优点。”毋庸置疑，齐桓公是一个非常开明的国君，他不过分在意别人的小瑕疵，而只看中别人的大德。正是因为他有如此的心胸，所以他才能够招徕天下的豪杰之士。

在南北战争初期，为了保证战争能够取得胜利，林肯在选拔北军统帅的时候始终坚持一个原则，即必须选没有缺点的人。但事与愿违的是，他所选拔的这些修养甚好、几乎完美无瑕的统帅，在人力和物力占据绝对优势的条件下，却被南军的将领一一打败。有一次，他们险些连华盛顿都失守了。事实给了林肯惨痛的教训，他认真分析了对方的将领，从杰克逊起几乎人人都有显而易见的缺点，不过，与此同时，他们也都具有自己的特长。诸如，南军统帅李将军非常善用其手下将领，因此，能够顺利地打败林肯任命的看上去毫无缺点同时也不具备什么特长的北军将领。

发现这个特点之后，林肯毅然任命了酒鬼格兰特为北军司令。委任状发出后，舆论大哗，不管是政府官员还是普通民众都表示反对。很多人哀叹，北军即将完蛋了，因为“昏君”任命了“酒鬼”担任统帅。甚至还有人直接找到林肯，大肆批评格兰特好酒贪杯，根本不能担此重任。林肯笑着说：“假如我知道他喜欢喝什么酒，那么我一定会送他几桶，让他喝个痛快。”历史证明，林肯任用格兰特的决定是完全正确的，这一任命成了美国南北战争的转折点。自从格兰特担任美国总统之后，就彻底扭转了南北战争的局面。

齐桓公之所以能够成为历史上的明君，主要是因为他拥有很多天下优秀的人才，而他之所以拥有那些优秀的人才，主要是因为他能够容忍那些优秀人才身上的小瑕疵，依然坚定不移地信任他们，重用他们。这一点，在林肯身上得到了证实。那些看似完美的统帅险失华盛顿，而看上去嗜酒如命的格兰特却彻底扭转了美国南北战争的局面。作为普通人，我们必须深刻反省这一点。只有容纳别人的小瑕疵，我们才能够发现别人身上的闪光点，或者向其学习，或者使其为己所用。

为难你的人，也许正是成就你的人

每一个人都无一例外地喜欢听别人赞美自己，然而，赞美虽然好听，却有一个致命的缺点，即使听的人感到飘飘然，不知所以。实际上，这种赞美是可怕的，因为它会在不知不觉中使你自我感觉良好，因而不思进取，开始退步。从某种意义上来说，能够促使你进步的不是赞美你的人，而是为难你的人。人们常爱说这样一句话，嫌货才是买货人。实际上，在现实生活和工作中，促使你进步的恰恰是你的敌人，或者是对你要求严格的人。众所周知，严师出高徒。虽然现代社会的教育提倡鼓励学生，然而，适当的严格要求还是必需的。假如一味地表扬学生，而不及时给学生指出缺点和不足，那么，时间一长，就会使学生沾沾自喜，得意忘形，甚至因此而逐渐退步。与此相反，不管是在现实生活中，还是在来源于生活而高于生活的艺术作品中，大多数成功者的背后都有一个严格要求他的人，或者是父母，或者是老师。百炼才能成金，这是亘古不变的真理！

人们经常说，良药苦口利于病，忠言逆耳利于行。大多数好药都是非常苦的，然而，却有利于治病；绝大多数教人从善的语言都是逆耳的，然而，却有利于人们改正自身的很多缺点，弥补自己的不足之处。对于任何人而言，要想取得长足的进步，最重要的就是虚心接受别人的批评，从而不断地提升自我的能力。对于一个人而言，有了过错并不可怕，及时改正就好，可怕的是讳疾忌医，不肯接受别人的批评，从而使小错最终酿成大错，甚至病入膏肓。尽管道理人人都懂，但是在实际的生活和工作中，很多人还是没有办法接受别人的批评和指正，或者觉得丢面子，或者觉得自己是正确的。不管出于什么原因，一个不愿意倾听别人意见的人是很难取得进步的。其实，不管对谁来说，能够得到智者的批评是一件值得庆幸的事情。要知道，没有人喜欢批评别人，因为批评一个人是需要很大的勇气，冒很大的风险的。谁都知道“多栽花，少栽刺”的道理。通常情况下，人们都愿意听好话，而对批评意见心存抵触，甚至有些人会错误地对待批评的意见，甚至与提批评意见的人不共戴天。因此，智者往往只对值得批评的人提出批评意见，而对于不值得批评的人，智者一般会三缄其口。总而言之，我们一定要记住，用赞美使你飘飘然的人未必是你的真朋友，只有为难你的人、勇于指出你的缺点和不足的人，则一定是你真正的朋友。

一次，唐太宗对长孙无忌说：“每次，当魏徵向我进谏的时候，假如我没有及时地接受他的意见，他总是不善罢甘休，不知道这是为什么？”长孙无忌还没开始回答，魏徵就对唐太宗说：“我之所以进谏，正是因为觉得陛下做事不对。假如陛下不愿意听从我的劝告，而我又马上对陛下的意见表示顺从，依照陛下的旨意行事，如此一来，岂不是违背了我进谏的初衷？”太宗说：“其实，你完全可以采取曲折的方式，当时应承我一下，保全我的颜面，等到退朝之后，再单独向我进谏，难道不可以吗？”对此，魏徵解释道：“从前，舜告诫群臣，千万不要当面顺从我，而在背后又另讲一套，这是阳奉阴违的奸佞行为，而非臣下忠君的表现。对于您的看法，为臣实在不敢苟同。”虽然太宗有的时候觉得很丢面子，但是他还是非常赞赏魏徵的意见。

在国家大政方针上，特别是在大乱之后拨乱反正，魏徵主张宜急不宜缓，宜快不宜慢。唐太宗即位的时候百废待兴。一天，他问魏徵：“要想治理好国家，即使是贤明的君主，也需要百年的时间吧？”魏徵对此有不同的意见，说：“圣明的人治理国家，宛如声音马上就有回音似的，只要一年就能够见到效果，倘若两年见效，那么未免太迟了，如何要等百年才能治理好呢？”

魏徵主张取信于民，不能朝令夕改。唐朝原定男子必须在18岁之后才能参加征兵服役。一次，为了大量征兵巩固边境，唐太宗要求只要是16岁以上的男子统统都要应征，魏徵坚决表示不同意。他说：“涸泽而渔，焚林而猎，和杀鸡取卵毫无区别。兵不在多而在精，根本没有必要为了充数而把年龄不到18岁的男子也应征入伍。而且，这也是失信于民的表现。”唐太宗问自己是否做过失信于民的事，魏徵举了三个例子来说明。尽管太宗认为魏徵的言词非常尖刻，但是心里其实是非常高兴的，他相信魏徵是以精诚之心辅佐自己以信义治国。

在个人享乐方面，魏徵更是经常犯颜直谏，以使唐太宗能够时时反省自身。有一次，唐太宗想去南山打猎，虽然已经备好了车马，但最终却没有去。当魏徵问他为什么没有出去的时候，太宗坦白地说：“刚开始的时候，我的确非常想去打猎，但是，一想到你也许会责备我，我就不敢去了。”

除此之外，魏徵也非常注意唐太宗的品德修养。他直言不讳地告诉唐太宗：“居人上者，其身正，不令而行；其身不正，虽令不从。”他还告诉唐太宗一句荀子的名言：“君主似舟，人民似水，水能载舟，亦能覆舟。”因为这句话，唐太宗时时反观自身，成为一代明君。

正是因为有了魏徵的直言进谏，唐太宗才能成为一代明君。虽然我们生活在现代社会，而且，我们大多数都是普通人，但是，每个人都想变得最好的急迫心情是完全相同的。要想不断进步，我们就要虚怀若谷，谦虚地接受别人的不同意见，努力完善和提高自身。记住，只有为难你的人才会直言不讳地指出你的缺点和不足，从而促使你不断进步。因此，为难你的人才是成就你的人，在听到逆耳忠言的时候我们要表示感谢。

多反省自己，少怪罪他人

在生活中，总会遇到一些令人不那么愉快的事情，或者是因为意外原因导致的，或者是因为粗心大意导致的。而在遇到不愉快的事情的时候，很多人都选择把错误和责任归结到别人身上，其实，这种做法是不正确的。要知道，只有多多反省自己才能够取得进步，假如你总是把大错小错推到别人身上，那么，日久天长，你必然会退步，而且，指责别人的做法也会使你失去朋友。

虽然责任心是人们最基本的品质，但是，人们更喜欢成就，而不喜欢责任。因此，在面对责任的时候，推诿则是屡见不鲜的。遇到这种情况，我们应该怎么做呢？实际上，倘若你能够主动承认错误，承担自己应该承担的责任，那么，你的形象反而会变得更加光辉高大。要知道，大多数人都喜欢成功和成就，而害怕失败和责任。倘若你能够战胜自己逃避责任的心理，那么，你就是一个顶天立地的人。很多时候，犯了错并不可怕，可怕的是犯了错误之后还萎缩逃避，不愿意承担责任。同样一件事情，因为你采取的态度截然不同，所以你得到的结果也是完全不一样的，而不管出于怎样的考虑，我们都要勇敢地反省自己，尽量不要怪罪他人。当然，这里所说的怪罪他人和诚恳地给他人提意见是完全不同的。怪罪他人是一种责任的推诿，而诚恳地给他人提出意见则是为了使对方认清自己的缺点和不足，从而取得更大的进步。

任何事情都有两面性，尤其是当一件事情中有多方参与的时候，假如遭到失败，绝对不是单纯地归结某一方面的原因。通常情况下，原因都是非常复杂的，所以，我们与其怪罪他人，不如反省自身，以期自己能够在下次有更好的表现。

老和尚说自己年轻的时候非常自负，喜欢和聪明人交谈，但对比较愚钝的、悟性差的师弟，就没有丝毫耐心，总是指责对方太笨。

有一天，他上山去打柴，满载而归，心情好极了。在归途中，他累了，所以就放下柴担到溪水边喝水，洗脸。此时，一只与他非常熟悉的小猴来了，因为总是在路上相遇，小猴子和他非常熟悉。洗完脸之后，老和尚想拿汗巾擦脸，却发现汗巾还挂在那边的柴担上。他的确很疲惫，就用手指着柴担，示意小猴子帮他把汗巾拿过来。

小猴子好像没有领悟老和尚的意思，跑过去之后，从柴担上抽了一根木柴，拿来给了老和尚。老和尚觉得特别有趣，便再次示意小猴子去拿汗巾。然而，这次小猴子还是拿了一些木柴回来。看到小猴子不明事理的样子，老和尚哈哈大笑起来。为了使小猴子领悟他的意思，他捡起一块石头丢过去，恰巧丢到汗巾上，然后，他又指给小猴子看，并且说：“拿那个汗巾”。小猴子赶紧屁颠屁颠地又去了，但是，它拿回来的还是木柴，而且满脸得意的表情，似乎在说“你看，我能干吧？”老和尚笑得前仰后合。

回到寺庙后，老和尚开心地把这件有趣的事讲给方丈听。方丈问他：“你跟师弟们讲道理的时候，假如他们听不明白，你就会大发脾气。但是小猴子同样听不明白你的话，为什么你反而觉得十分有趣？”听了方丈的提问，老和尚愣住了，回答说：“猴子又不是人，听不懂人话很正常。但是，师弟他们可是人，他们应该能够听懂我说的道理。”

方丈反问道：“什么叫应该？要知道，每个人天生的悟性不同，你为什么说谁‘应该能’怎么样呢？”

听到这里，老和尚低下头默默无语。方丈继续说道：“更何况，天道无常，人世无常。现在是别人不如你，今后也许是你不如别人，换位思考一下，你意下如何呢？实际上，你最大的错在于你根本没有学着用佛的眼睛去看，用佛的心去思考问题。”突然之间，老和尚茅塞顿开，但是却无法说清楚自己究竟悟到了什么，因此他连忙请求方丈：“我佛慈悲，求师父教我！”

方丈微微一笑，说：“你认真想一想，同样是无法理解你的意思，为什么你对小猴子开怀大笑，却对师弟发怒？实际上，他们并没有变，变化的恰巧是你的内心。由此可见，问题出在你的身上，并不是出在他们身上。因为你是人，所以你不会对智商比你低的猴子发脾气，但是，因为你的师弟们也是人，所以你无法容忍智商和你相差无几的人。假如是佛呢？佛看到你师弟们的错误，他会勃然大怒吗？当然不会，因为佛的智慧能够包容一切。”

在上述案例中，老和尚之所以总是嫌弃师弟们太愚钝，听不懂他所说的话，主要是因为他觉得师弟们和自己智力相当，所以应该能够听懂自己所说的话。与此相反，他对小猴子反而更加宽容，因为他觉得小猴

子的智力比人类低。实际上，倘若老和尚能够设身处地地为他人着想，首先反省自身，那么就不会指责自己的师弟们了。要知道，凡事都有两面性，即使是吵架，一个巴掌也是拍不响的。尽管徒弟们没有听懂老和尚所说的话，但不意味着是徒弟们的过错，也许是老和尚没有表述清楚呢？总而言之，在遇到问题的时候，我们首先应该反省自身，因为这比怪罪他人的效果要好很多！

学会欣赏别人，而不要挑剔别人

现代社会，人们的心态越来越浮躁，不知道从何时起，人与人之间多了一份轻视与嘲讽，少了一份称赞与敬仰。又不知从何时起，世界上莫名其妙地多了很多以“我”字开头的“至理名言”。其中，很多名言都被人们认为是自信的表现，诸如“我是最棒的！”“我一定能够成功！”等。事实并非如此。要知道，自信是一个人在一定基础与资本的情况下所表现出的一种精神状态。假如一味地欣赏自己，盲目地相信自己，从来不能以低姿态去欣赏别人，那么，这种自信就会变成自负，变成骄傲自大、目中无人。须知，人外有人，天外有天，即使是我们共同生存的这个硕大的地球，在浩瀚的宇宙中，也不过是一颗小星星而已，或者，也可以说是宇宙中的一粒尘埃，假如能够这么想，你还有必要把自己看得那么高，那么重吗？

很多时候，在我们对别人挑三拣四的时候，不如学会欣赏别人，学会真心地赞美别人。这样一来，你就会发现，你给予对方的真诚的友善都会被对方加倍地回馈给你。诸如，一个人总是劈头盖脸地说“你说的是错误的，应该……”或者是“我认为我说的是正确的，事实就是……”假如互换一下角色，想必你也不愿意听别人在你面前这么说话。

因此，与其否定别人，不如肯定别人。诸如，“我觉得你说得特别

对，尤其是……更是非常正确的。你是如何想到这一点的，我太佩服你了！”当然，这里所说的肯定并不是出于阿谀奉承的肯定，而是希望你能够真正地发现对方的闪光点，予以肯定。这种肯定，是发自内心的，不是为了表面上的应承。久而久之，你就会形成一种习惯，在看别人的时候首先要看到他的优点，这样一来，你必然更加欣赏对方，从而为自己良好的人际关系奠定基础。与此相反的是，假如你总是挑剔和指责别人，那么你终将不会成为一个受欢迎的人。

张明和李霞结婚一年多，对于大多数新婚夫妇而言，这结婚的第一年应该是非常甜蜜幸福的。但是，张明却不止一次地想离婚，而且整日唉声叹气，不堪重负。

原来，李霞是一个心思非常细腻的人，她总是对张明吹毛求疵，导致张明不堪其扰。例如，张明有点儿邋遢，其实，大多数男人可能不会像女人那么爱干净，因此，李霞就整日叨唠张明，一副非把张明变成“洁癖男”的样子。实际上，张明虽然邋遢，但还是很愿意帮助李霞做家务的，不管什么时候，只要李霞给他安排了家务活儿，他都会尽力去干。张明虽然不够阳刚，但他却没有大男子主义，不管什么事情都和李霞商量，然而，李霞却总是指责张明没有男子汉气概，与此同时，李霞又很希望张明能够对他言听计从。就这样，结婚第一年，他们之间丝毫没有甜蜜可言，只有三天一小吵五天一大吵的“销烟”。因为李霞的唠叨和苛求，张明无比怀念自由自在、无拘无束的单身生活，甚至想和李霞离婚。

相反，和张明同一年结婚的范新强却生活得无比幸福，对婚姻生活充满了美好的憧憬。张明百思不得其解，同样结婚一年，为什么差别就这么大呢？为此，张明几次去范新强家中吃饭、聊天，打听他们夫妻和睦相处的秘诀。原来，范新强的媳妇宋萌是一个非常善解人意的女人。张明常说宋萌简直就是贤妻良母。不管张明和范新强喝茶聊天到多晚，宋萌都毫无怨言，而且，总是在一边陪伴。这使张明无比羡慕范新强，而范新强则是一副无比享受的样子。言谈举止之间，张明意识到范新强在宋萌眼中简直就是一个完美无瑕的人。她张口闭口都在夸自己的老公，似乎自己找到了一个天底下最好的老公。张明问宋萌："范新强夜里睡觉总是磨牙，影响你吗？"宋萌笑着说："刚开始的时候确实很不习惯，但是现在如果没有磨牙的声音，我反而睡不着了呢？"张明知道范新强有的时候爱抽烟，不过，宋萌却对此不以为然，说："男人嘛，多多少少都有点儿小嗜好。不过，抽烟对身体不好，所以我给他买了戒烟糖，这样就能少抽一些。"张明偷偷地对范新强说："你这些臭毛病对我老婆而言，那简直是不能忍受的！但是，我觉得你老婆好像对此不以为然。她真的从来没有说过你吗？"范新强非常骄傲地说："从来没有！不过，奇怪的是，我这些臭毛病已经改得差不多了！假如你老婆也天天表扬你，即使是缺点，也会从中发掘出一些优点来，那么你慢慢会改掉的！"

原来，婚姻相处的秘诀是欣赏对方，即使是对方的缺点。只有这样，对方才会心甘情愿地改变自己，就像范新强和宋萌一样。与此相反，一方总是唠叨对方的缺点，那么就很容易使对方感到厌烦，甚至产生逆反心理，就像张明和李霞一样。实际上，不仅是婚姻生活，即使普通的人际交往，或者是与陌生人的交往，也应该多多欣赏对方的优点，而不要总是挑剔对方。只有做到这一点，人际关系才会变得更加和谐融洽。

第 07 章

“宽心”是一种忘却，悠然自在不被烦恼所困

漫长的人生旅途，假如你想得到更多的快乐，那么你首先要学会忘却。要知道，人生就是一次漫长的旅途，假如背着沉重的负担，你就无法全心全意地欣赏沿途的风景。与此相反，只有轻装上阵，你才能够悠然自得地享受美好的人生。

烦恼都是自找的

在生活中，有的人每天都高高兴兴，似乎生活中没有任何事情会遮挡太阳；然而，有的人却整天愁眉苦脸，似乎生活就是一种痛苦的折磨，没有任何能够使人开心的事情。实际上，古人的一句话道出了人生的真谛，即世上本无事，庸人自扰之。这句话告诉人们，很多时候，烦恼都是自找的。毫无疑问，没有一帆风顺的人生，每个人的一生都会遭遇坎坷和挫折。换言之，快乐的人之所以快乐，是因为他们发自内心地想要得到快乐，而且能够及时地调整自己的情绪，使自己变得快乐起来。而烦恼的人呢？他们总是悲观失望，遇到事情的时候很容易沮丧，所以，即使面对一件无关紧要的小事，他们也会无比烦恼，无限扩大原本只有芝麻大的烦恼。如此一来，烦恼怎会不如影随形呢？所以，要想得到快乐，要想让快乐陪伴我们的人生，我们首先应该发自内心地寻找快乐，想要得到快乐。很多时候，心态决定人生，因此，我们首先要使自己变得乐观起来，坦然面对人生的风风雨雨，使自己的内心变得无比强大。

从某种意义上来说，人的需求是很少的，无外乎必须得到客观物质的满足，如吃饱穿暖。此外，就是精神上的需求。一般情况下，精神上的需求不依赖于物质来满足，而是取决于人们的内心。假如你的欲望很少，很容易满足，那么你就会觉得很快乐；反之，假如你欲壑难填，总是这山望着那山高，那么，你就永远无法满足，永远也不会感到快乐！生活的本质就是“饥来吃饭，困来即眠”。只有懂得满足，你才能够知

足常乐，随着欲望的减少，你对生活的要求也会逐渐降低，自然，你就会更加容易满足！

唐代陆象先曾经在益州任都督府长史兼剑南道按察史，后来，他又到蒲州担任刺史。他处理政事时反对严刑峻法，提倡仁恕。有一次，他管辖区域内的一个小官吏犯了很严重的罪，不过，陆象先只是象征性地责备了他几句，点到为止。见此情形，小官吏的上司说：“像这样的罪犯理应受到杖刑。”陆象先不以为然地说：“人情是相差无几的，虽然我只是简简单单地说了几句话，但是我相信他已经了解我的意思了。假如要用杖刑，实际上应该从你开始，因为你曾经也犯了很多严重的错误。”在日常生活中，陆象先经常告诉别人：“天下本来没有那么多的事，只是庸人自找烦恼而已，这样一来，就导致事情变得越来越复杂。处理问题的时候，只要坚持一个原则，即弄清是非，正本清源，事情自然就会变得更加简单了。”

眼看春节就要到了，老汪领到了足足一万元年终奖金。老汪特别高兴，赶紧给老婆打电话说：“晚上别做饭了，下班之后咱们一起去你喜欢的那家西餐厅打打牙祭吧！”老婆赶紧问老汪有什么高兴的事情，老汪乐呵呵地说：“我今年拿了一万元奖金呢！”老婆一声惊呼，赶紧去装扮自己，等老汪下班一起去吃西餐。但是，快到下班的时候，老汪却突然打电话跟他的老婆说：“我想了想，晚上还是在家吃吧，我去买点儿熟食。”老婆不解，闷闷不乐地在家等着老汪。老汪回到家以后，老婆小心翼翼地看着他，似乎想要探究什么。老婆经过仔细询问才知道，原来，老汪拿到年终奖之后非常高兴，因为去年的年终奖只有两千块钱。他旁敲侧击地问了好几个同事的年终奖数目，其中有个人漫不经心地说：“也就两万块钱，不够干什么的。老汪，你小子肯定没少拿！”听完这个同事的话，老汪突然之间好像被浇了盆凉水。他不理解，自己为公司作了这么大的贡献，年终奖为什么比别人少一半呢？老汪越想越沮丧，越想越觉得不公平，最终决定取消晚上和老婆一起吃西餐的计划，惹得老婆满肚子不高兴。

其实，很多公司的薪水都是保密的，除了负责发工资的财会人员之外，每个人都不知道其他同事拿多少钱，年终奖也是如此。这主要是因为老板的心中有杆秤，他会根据自己的标准去权衡应该给每个员工多少工资。但是，老汪恰恰犯了这个禁忌，去打听其他同事的年终奖数目，不仅破坏了自己的好心情，而且不利于今后的工作开展。在第一个案例中，陆象先的做法无疑是值得我们借鉴的。他能够宽容待人，把复杂的问题简单化，只要达到目的就好。这样一来，生活也会变得更加简单。实际上，我们每个人都应该少给自己找烦恼，多给自己找快乐！要知道，快乐多了，烦恼就少了；相反，烦恼就会占据你的整个心房，那么快乐自然无处容身！所以，我们必须清空自己，让快乐永驻！

人生短暂，别为小事生气

人生，短则几十年，长不过百年。假如你因为一些小事情而生气烦恼，那么无异于缩短自己享受幸福快乐的生命。如此想来，还有几个人会为一些不值一提的小事生气呢？道理虽然人人都知道，但是生活中还是有很多人做不到。公交车上，因为别人没有给自己让座，所以一路气到终点站；和同事相处，因为同事无意之间说了一句伤害你自尊心的话，所以就和同事绝交，处处作对，整日生活在仇恨之中；因为爱人的某些方面没有达到你的要求，就喋喋不休地指责爱人，导致其不胜其扰，最终与你针尖对麦芒，大吵一通，谁也不理谁；甚至开车的时候，因为后面有一辆车强行超车，你也骂骂咧咧一路，直至到家还气得肚子鼓鼓的。

如此想来，这个世界上还有什么事情不让你生气？假如你的一生注定要在气恼之中度过，那么还有什么意义呢？其实，别人给你让座是情分，不给你让座是公道，毕竟，对方身体也有不舒服的时候，对方也有特别累的时候；和同事之间的相处，有的时候，口角之争是难免的，

一笑置之就可；爱人即使再完美，也不可能百分之百地符合你的心意。因此，不要试图把爱人变成你理想中的那个人，更不要用唠叨、埋怨和指责来对待爱人；如今，大城市的交通越来越堵，你后面的车之所以强行超车，很可能确实遇到了着急的事情。对于上述种种情况，生气根本于事无补，无法改变既成的事实，所以，对于你而言，最好的处理方法就是调整自己的心态，换一个角度看待问题，这样就能豁然开朗。尤其是当你想到把人生大多数的光阴都用于和不值得的人生气，你就更加不会轻易生气了！有人曾经说过，生气是拿别人的错误惩罚自己。这样想来，生气的人岂不是亏大了？

自己要想不生气，或者尽量少生气，首先，要开阔自己的心胸，使自己能够以博大的胸怀接纳身边的人和事。其次，还要提高自己的修养，这样才能够更加从容淡定，凡事不要较真。生气除了对自己的身体健康不利之外，还阻碍你结交更多的朋友。都德曾经说过，好脾气是一个人在社交中所能穿着的最佳服饰。假如你拥有好脾气，那么你一定会拥有好人缘。总而言之，不管从哪个方面来说，都不要把短暂的人生、宝贵的光阴用于无谓的生气。

在辽阔的非洲大草原上，有一种吸血蝙蝠，这是一种不起眼的小动物，身体非常小，但是它却是桀骜不驯的野马的天敌。这种动物专门靠吸动物的血得以生存，在攻击野马的时候，它总是附在马的腿上，用锋利的牙齿非常敏捷地刺破野马的腿，然后再用尖尖的嘴从野马身上吸食血液。发现自己的腿上附着蝙蝠的时候，野马就会像发疯一般蹦跳、狂奔，但是却无济于事，根本无法驱赶这种讨厌的蝙蝠。纵使野马再暴跳如雷，这种蝙蝠仍然安之若素，还是从容不迫地吸附在野马的头上或者是身上，直到吸饱之后，才无比满足地安然离去。使人们更加吃惊的是，野马总是在狂奔、暴怒、流血中死去。其实，这么微小的蝙蝠吸食的血量根本不足导致野马死去，那么，野马为什么会死去呢？动物学家们花费了很多的时间和精力来分析这一问题，最终发现，吸血的蝙蝠所吸的血量对于庞大的野马而言只是微不足道的，根本不可能置野马于死地，而野马真正的死因是它本身的暴怒的习性和狂奔。

一匹桀骜不驯的野马，最终居然被这么一只小小的蝙蝠气死了，死于自己的怒气之中。认真想一想，对比现实生活，不难发现，在生活中，很多人都与看似强大的野马有相似之处。实际上，人有七情六欲，喜怒哀乐乃是人之常情，原本无可厚非。然而，若不能适当地控制自己的情绪，那么就很容易在盛怒之下做出傻事或蠢事，甚至自己也会因此而追悔莫及。在现实生活中，被一些不值一提的小事气死的人屡见不鲜，究其原因，他们最终死在了自己的坏脾气之中。其实，假如我们能够把心放宽一些，拥有博大的胸怀，那么我们就不会总为一些微不足道的小事而怒火中烧了。

英国著名作家迪斯雷利曾经说过："为小事生气的人，生命是短暂的。"事实确实如此。人生是如此短暂而又宝贵，而人生同时充满了各种各样的不如意，所以，我们必须调整自己的心态，享受更加美好、幸福的生活。总而言之，人生苦短，不要为一些小事而生气。

学会接受不完美

几乎每个人的心中都隐藏着一个关于完美的梦。在这个梦里，每个少男都幻想着自己英俊潇洒，风流倜傥，每个少女都幻想着自己无比美丽，倾国倾城。然而，在现实生活中，有几人是英俊潇洒、倾国倾城的？大多数人都不完美，这是我们必须接受的事实。一个女人也许很漂亮，但是未必有足够的智慧；一个男人也许够潇洒，但是却有勇无谋；有的人也许才智超群，但是貌不出众；有的人也许高风亮节，但是语不惊人。总而言之，上帝是公平的，他在赐予你独特之处的同时，也会使你有所欠缺。尽管很多人无法接受这种不完美，但是，这种不完美也许恰恰就是真实的完美。所以，不管是谁，都应该坦然面对自己或者别人

的不完美，敞开胸怀接纳这种不完美，这样才能更加真实地生存，更加坦然地生活。

世界上真的有完美的人或事物吗？答案是否定的。所有的完美都是相对的，正因为有了黑，所以才有了白；正因为有了美，所以才有了丑。正因为有那些不完美，所以才有了人们对于完美不懈的追求，就像一个永远无法企及的梦。既然无法改变，我们就应该坦然接受。

有个叫伊凡的青年，非常用心地读了契诃夫“要是已经活过来的那段人生仅仅是个草稿，有一次誊写的机会，该有多好”这段话，心领神会，因此，他写了份报告递给上帝，请求在他的身上进行一项试验，允许他誊写一次人生。上帝沉默良久，看在伊凡的执着和契诃夫的名望的分儿上，决定让伊凡在寻找伴侣的事情上有改正的机会。到了适婚的年龄，伊凡遇到了一位非常漂亮的姑娘，最让人高兴的是，这个姑娘也特别倾心于他。伊凡觉得这个女孩就是他理想中的伴侣，因此不久就与之结婚了。很快，伊凡就发现了姑娘的一个缺点，即她尽管很漂亮，但是却不怎么会说话，而且办起事来也笨手笨脚，两人根本无法进行心灵的沟通。因此，他把这段婚姻作为草稿从人生中抹掉了。

伊凡第二次婚姻的对象，不仅漂亮，而且聪明绝顶和能干。但是，共同生活了没多久，伊凡就发现这个女人有一个致命的缺点，即个性极强，脾气很坏。因此，能干成了她捉弄伊凡的手段，聪明成了她讽刺伊凡的本钱。一起生活期间，他不是她的丈夫，更像是她的牛马、她的器具。伊凡再也无法忍受这种非人的折磨，因此，他祈求上帝，既然人生允许有草稿，那么请准三稿。上帝笑了，允了伊凡。

伊凡第三次成婚的时候，他的妻子不仅具备上述的所有优点，而且脾气特别好。婚后，两人甜甜蜜蜜，恩爱有加。然而，在短短的几个月之后，娇妻就因身患重病而失去了曾经如花的美貌，整日躺在床上，智慧也无处施展，只剩下唯唯诺诺的好脾气了。

尽管这个故事是虚构的，但是却有深刻的现实意义。在生活中，很

多人就像伊凡，对自己所拥有的总无法感到满足，总想得到一次修改和誊写的机会。可以修改的人，纷纷尝试着去修改，但是最终还是免不了次次都遗憾；没有能力或没办法修改的人，则整天为此闷闷不乐、垂头丧气，似乎人生失去了意义。

在生活中，每个人都应该使自己拥有如此的心胸和气度，这样才能坦然地面对生活，接受人生的不完美！

焦虑会像滚雪球一样越滚越大

随着现代生活节奏的加快，患抑郁症的人越来越多，患焦虑症的人也为数不少。那么，何谓焦虑呢？具体地说，焦虑指的是一种无根据的恐惧或者是缺乏明显客观原因的内心不安，是人们遇到某些事情如困难、危险或者挑战时出现的一种正常的情绪反应。一般情况下，焦虑与精神打击以及即将来临的、可能造成的危险或者是威胁相联系，主观表现为不愉快、紧张，甚至痛苦以至于难以自制，严重的时候，还会伴有植物性神经功能的失调或者变化。从焦虑的定义中我们不难发现，焦虑主要是一种心理上的焦灼状态，严重的时候会难以自制。了解了焦虑的这个特点，我们就应该在焦虑刚刚出现时及时主动地治疗，只有这样，才能把焦虑扼杀在萌芽状态。如若不然，焦虑就会像滚雪球一样越滚越大，最终难以抑制。

假如不及时调整和治疗自己的焦虑状态，任由焦虑自然发展，那么焦虑最终引起的后果将不堪设想。例如，长期焦虑会引发失眠，焦虑还会影响青少年的身高，焦虑会增加罹患癌症的风险，焦虑还会增加死亡率。总而言之，焦虑有百害而无一益，必须引起我们足够的重视。最为重要的是，假如不及时调整焦虑的情绪，时间越长，焦虑就会像滚雪球一样越滚越大，最终无法控制。要想及时有效地控制焦虑的情绪，首先要进行自我疏导。在此过程中，转移注意力无疑是一个很好的方法，这样一来，焦虑情绪就会被新产生的积极的情绪所替代。其次，还应该多吃一些谷类食物和水果，以便补充维生素和钾元素，辅助驱散焦虑情绪。最后，也就是最重要的一点，因为大多数人的焦虑都是因为空虚引起的，所以，要想控制焦虑，首先要充实自己。只要心灵充实了，就会觉得人生有意义，自然也就不会焦虑了。

丽娜最近总觉得心慌气短，而且经常有一种难以控制的感觉，为此，她通过咨询医生得知自己患了焦虑症。

其实，丽娜的家庭生活还是比较幸福的，工作也很稳定，是一所中学的教师。她为什么会焦虑呢？经过仔细的询问，医生了解了丽娜的病因所在。原来，丽娜已经在那所中学教书12年了。从大学毕业开始，她就在这个学校担任语文教师。而不久前参加完一次大学同学聚会，她开始失眠。原本，她觉得自己的生活还是很幸福的，有一个爱自己的老公和一个可爱的儿子。虽然工资不高，但是在那个小县城生活还是很滋润的。但是，自从参加完同学聚会，丽娜心中的平衡和满足感被彻底打破了。看着同学们有的身居高位，有的在北京、上海等大城市生活得有滋有味，她觉得自己简直就是个土老帽。这12年小富即安的生活，使丽娜与同学们之间拉开了很大的差距，简直有了天壤之别。

回家之后，她万分沮丧，看老公也不顺眼了，看工作也不顺眼了。她幻想着当初大学毕业假如去了大城市打拼，如今会不会和那些同学一样风光。老公总是安慰丽娜，大城市的生活未必像表面看上去那么轻松惬意和光鲜，但是丽娜却说老公是吃不到葡萄说葡萄酸。得知问题的症结所在之后，丽娜的老公决定带丽娜去大城市走一圈。他们决定利用暑假时间去北京亲身感受一下大城市的生活。来到北京之后，丽娜的生活彻底乱了套。她已经习惯了在老家的生活，看着地铁里摩肩接踵的人群，丽娜突然觉得自己变成了一只蚂蚁。看着同学每天早晨6点起床经过2个小时才到单位、每天晚上6点下班又经过2个小时才能到家，丽娜真心地觉得自己在小县城的生活其实还是很幸福的。

一个月之后，丽娜回到了所在的小县城，回到了自己工作和生活的地方。此时，她已经知道自己并不适应大城市的生活了，而且意识到自己更喜欢现在悠闲自得的生活。她的焦虑和失眠竟然不翼而飞了。

显而易见，丽娜的焦虑主要是因为内心的不满足，觉得自己的生活与同学们的生活相比显得过于苍白。然而，每种生活都有其好处和坏处，为了彻底打破丽娜的焦虑，她的老公作出了一个非常明智的决定，即去大城市生活一个月，彻底打破丽娜心中对于大城市生活的不切实际的幻想。事实证明，这个方法取得了很好的效果。每个人都有自己的生活，既不可能所有人都挤在大城市，也不可能所有人都憋在小县城。最重要的是，你喜欢自己现在的生活，而且这种生活也是适合你的。所以，我们应该及时地体察自己的情绪，把自己从焦虑的状态中解脱出来，享受美好的当下！

事情是做不完的

大多数职场人士都有过这种体验，即案头工作堆积如山，恨不得每天像一个陀螺一样不停地旋转，恨不得像孙悟空那样生出三头六臂来，把所有的工作一扫而空。假如没有职场经验也无妨，你只要看看现代关于职场的电影电视就会知道，那种忙碌的状态已经屡见不鲜了。然而，你也会悲哀地发现，即使你每天都工作到凌晨，即使你无限度地挑战自己的极限，提高自己的工作效率，你的工作还是堆积如山，似乎永远不会减少。这是为什么呢？其实原因很简单，因为事情是永远也做不完的。

究其原因，职场上并没有绝对的公平，大家的工作任务也不可能像分蛋糕那样均匀，毕竟，每个人的能力大小不同，每个人的精力也各不相同。而在此过程中，老板的职责是什么呢？就是发现每个人的潜能，量体裁衣，假如你精力无限，总能够在规定的时间内完成老板交代的工作，那么，下次，老板一定会给你分配更多的任务。假如你总是习惯于慢工出细活，那么老板也会适当地减少你的工作量，而给你更多需要细心和耐心才能完成的工作任务。认识到这个残酷的现实之后，你还会如职场新人那样拼命地工作，主动加班加点吗？明智的回答当然是不！要知道，对于老板而言，处于市场经济中，一定要最大限度地利用那些人力和资源。

所以，他们唯一的工作就是让自己的每一个职员的案头都堆满了工作！既然如此，你还忙什么呢？你应该合理地安排自己的工作节奏，做到劳逸结合，张弛有度。不管在什么情况下，我们都应该牢牢地记住一个原则，即工作是别人的，身体是自己的。很多时候，只有我们知道自己的身体状况，所以，我们不能一味地工作，而要适当地调整工作的节奏，照顾好自己的身体。

尤其在私营企业中，事情是永远都做不完的，所以，你千万不要让自己像一个陀螺一样不停地旋转。当然，并非所有的老板都像资本家那样恨不得榨干自己员工的每一滴血。实际上，有很多老板并不愿意看到员工只知道工作，而不懂得生活，因为不懂得生活的人是无法长久合理地安排工作的。因此，不管是从老板的角度考虑，还是出于自己健康状况的考虑，你都应该合理地安排自己的工作，找到一个适合自己的工作节奏，圆满地完成工作任务。很多时候，有智慧的人能够使自己的劳动更见成效，比一味蛮干的效果好得多！

林峰和艾琳已经恋爱六年了。大学二年级的时候，他们就确立了恋爱关系。大学毕业之后，艾琳很想尽早成家，但是林峰却始终觉得条件不成熟。其实，林峰是想在结婚之前拥有属于自己的房子和车子。然而，对于刚刚毕业的且没有任何背景的大学生而言，实现这一点谈何容易。

转眼，艾琳已经苦苦地等了林峰四年。眼见着身边的小姐妹都结婚成家了，艾琳心里很着急，她不理解林峰为什么非要等到有房有车的时候再结婚。每天，林峰早早地出门，晚上披星戴月地回来。甚至，接连一个星期，艾琳连林峰的面都见不到，因为他总是在艾琳睡着之后回家，又在艾琳起床之前出门。渐渐地，艾琳失去了耐心，随着年龄的增大，她越来越焦灼。在一次争吵中，艾琳冲动地提出了分手，她绝望地冲着林峰喊道："我不想要房子，我不想要车子，我只想要一份像大学时代那么纯粹的爱情！我每天都见不到你的人，你自己想一想，我们有多久没好好聊天了，我们有多长时间没坐在一起吃顿饭了？工作的意义是什么？假如真的像你所说的是为了让我幸福才努力奋斗买房买车，你怎么会不顾及我的感受呢？我可以认为你是口是心非吗？我们分手吧，这不是我想要的生活！"看到艾琳的绝望，林峰迷惘了。他的初衷是想给艾琳更好的生活才一直努力奋斗的，但是，长久以来，他似乎忽略了艾琳的感受。

经过长久的思考之后，林峰作出了一个非常艰难的决定，他决定放弃自己几年来的打拼，找一家稳定的单位，和艾琳结婚，一起享受生活。他意识到，一直以来，自己都在不停地努力奋斗着，渐渐地忽略了艾琳的感受。虽然他们的婚礼是在出租房中举行的，但是艾琳的脸上却洋溢着幸福的微笑，因为，这就是她想要的生活！而林峰也突然发现，原来，放下所有的工作享受生活也是一件非常惬意的事情。而且，在他合理安排工作的同时，他也惊讶地发现，原来，工作和生活并不是相互冲突的！结婚三年之后，林峰不仅有了一个可爱的女儿和一个幸福的家庭，而且事业也风生水起！

事情是永远也做不完的，假如你一味地在人生的道路上奔波，那么你就会错过人生最美丽的风景。相反，如果你把自己的工作安排好，在合理工作的同时享受生活，那么，你会惊讶地发现你在工作上有了出人意料的收获！其实，生活和工作并不是对立的，而是相辅相成的，关键在于把握好工作和生活的平衡点！

顺其自然，坦然面对生活

在生活中，很多人都追求完美、尽善尽美。其实，事情往往很难如我们所愿地接近于完美，总会有一些小小的瑕疵，使人在欣慰之余感到些许遗憾。这个时候，你会怎么做？继续努力，直到完美为止，还是坦然地接受生活的小瑕疵，尽力在未来的生活中做得更好？其实，古人曾经说过一句话，对于现代人仍然有着深刻的意义，即“有心栽花花不开，无心插柳柳成荫”。假如你是一个有心人，总是非常认真地观察生活，那么你就会发现这句话有着深刻的现实意义。

确实，在现实中，很多事情都是人力所不能左右的，因为一件事情的发展取决于很多因素，并非人的主观起决定性作用。遇到这种情况的时候，你需要做的就是尽人力知天命。换言之，就是顺其自然，坦然地面对生活的赐予。只有这样，你才能够从容淡定，清心寡欲。然而，在现代社会，很多人都和人生拧着来，命运安排他向东，他却偏偏向西，明明理智也告诉自己应该向东，但自己还是想破釜沉舟地赌一把，看看向西结果会如何。结果就是你的人生在你的拧巴中变成了一根千弯百绕的麻花，无论如何也无法顺溜起来。

顺其自然的作用到底有多么强大呢？顺其自然的作用就是能够与自然相抗衡，创造生命的奇迹。政治上有无为而治，人生则有顺其自然。这一点，在癌症患者身上有着非常明显的表现。很多时候，明明医生已经宣判了一个人的“死刑”，但是，因为患者能够博然大度地接受命运的安排，尽心竭力地活好剩下的日子，最终，他反而战胜了自然的魔力，使癌症不治而愈。相反，很多癌症患者都是被吓死的，当得知自己时日无多的时候，他们还没有被病魔打倒，内心的恐惧就已经战胜了自己。他们惶惶不可终日，不知道该如何度过自己人生的最后一刻。其实，人终究一死，只是时间的早晚而已，这样想来，便能够更加释然地面对命运残酷的安排。在医生宣判“死刑”的时候，就意味着先进的现代医学技术已经对这个绝症无可奈何了，在这种情况下，坦然也是一生，惊慌也是一生，与其惊恐不安，莫若坦然淡定，留给世界最美丽的笑容。在不经意间，也许奇迹就会不期而来，这就是顺其自然的巨大魔力！

眼看着春天来了，但是禅院的草地上仍然一片枯黄。小和尚看在眼里，禁不住对师父说：“师父，这草地光秃秃的太难看了，咱们赶紧撒点草籽吧！”

师父不慌不忙地说：“不着急，等到什么时候有空了，我进城去买一些草籽。什么时候都可以撒，无须着急！随时！”

等到师父买回草籽的时候，已经是中秋节了。师父把买回来的草籽交给小和尚，告诉他：“去吧，把草籽撒在地上就可以了。”想不到的是，小和尚刚开始撒草籽，就起风了，草籽随风飘舞，飞到了其他的角落。

小和尚气喘吁吁地跑去告诉师父：“糟糕，很多草籽都被风刮走了！”

师父依然处变不惊地说：“没关系，草籽之所以会被风吹走，多半因为它是空的，即使撒下去，也无法生根发芽。担什么心呢？随性！”

草籽撒上没多久，很多贪吃的麻雀就飞来了，专挑饱满的草籽吃。小和尚发现之后，惊慌地告诉师父：“不好，草籽都被小麻雀吃了！这下子算是白撒了，明年这片地就没有绿茵茵的小草了。”

师父说：“没关系，草籽很多，而且有些已经被泥土掩埋了，小鸟是根本吃不完的。你就放心吧，明年这里肯定会长满绿茵茵的小草的！”

当天夜里，下了很大的雨，小和尚始终无法入睡，他担心草籽会被大雨冲走。次日清晨，天刚刚亮，他就跑出了禅房，果不其然，地上的草籽都无影无踪了。因此，他立即跑进师父的禅房说：“师父，昨晚的雨下得太大了，把地上的草籽全都冲走了，这可如何是好啊？”

师父淡然地说：“不用着急，草籽被冲到哪里就会在哪里生根发芽的。随缘！”

果然如师父所说的，很快，一些青翠的草苗破土而出，原来没有撒到的一些角落居然也长满了青翠的小苗。

此时，小和尚欣喜异常地告诉师父：“师父，太好了，我种的草全都长出来了！”

师父还是泰然地点点头说：“随喜！”

故事中的这位师父真是懂得人生乐趣。正是因为他凡事都顺其自然，没有刻意强求，反而有一番意料之外的收获。然而，生活中的很多人却不懂得这个道理。为了把事情做得接近于完美，为了追求一份尽善尽美，人们想方设法，殚精竭虑。而每当事关重大、情形复杂时，甚至食不知味、夜不能寐。如此一来，即使事情如自己所期望的那般结果，也不会拥有意料之外的惊喜；相反，假如事情没有获得意料那般结果，反而会大大失落，无法面对自己。实际上，假如遇到难越的坎儿，与其绞尽脑汁地百般思量，还不如顺其自然，反而收获意外之喜。

让坏心情远离自己

如今，生活越来越好，但是人们的心情却越来越坏，工作越来越忙，人们却越来越没有耐心。坏心情如影随形，挥之不去。究其原因，是想要的太多，但是得到却越来越不容易。租房的想买房，有房子的想换大房子，甚至是别墅；挤公交车的想买车，哪怕QQ也行，但是有了QQ之后，还是觉得好车开着更舒服；没工作的想找工作，找到工作的羡慕别人年薪更高的工作；单身的想找女朋友，但是有了人生另一半的却安分守己。人生，就像欲望的深壑，永远也填不平。假如总是这样任由欲望无止无休，你怎么能得到幸福呢？你的心情必然越来越糟糕。由此可见，要想让自己生活得更加幸福，我们首先应该知道自己想要的是什

么，这样才能避免随波逐流。坚定地做最好的自己，坚定地走出自己独特的人生之路，这样才能够得到精神上的充实和满足！

在生活和工作中，尤其是职场人士的心情最为糟糕，这主要是因为工作节奏加快，工作压力越来越大。一项调查研究表明，在大概三分之一的时间里，坐办公室的人们会莫名其妙地焦躁不安，会脾气古怪，爱发牢骚，很容易动怒。那么，对于承担着繁重的工作任务和巨大的工作压力的职场人士而言，怎样才能远离这些办公室的坏情绪呢？其实方法很简单，一定要持之以恒。要想摆脱坏心情，首先要学会发泄。要知道，坏心情最需要的就是及时疏导，而不是刻意压制。很多外资公司都成立了发泄室，以供员工心情压抑的时候进去发泄一番，甚至有一家日本公司还在发泄室里摆上了老总的塑料人像，员工可以狠狠地踹老总的替身。其次，如果心情实在很糟糕，不如伪装好心情。你可以想一些高兴的事情，或者哼一首自己喜欢的曲子，或者回忆往昔美好的时光。人的心其实是很小的，好心情来了，坏心情自然无处容身，只得悄悄溜走。再次，不管工作多么繁重和急迫，你都要学会放下，从而使自己暂时置身事外，放松片刻。被工作压得喘不过气来的时候，干脆暂时放下手上的一切，舒缓一下紧绷的心情。对于短时间内无法解决的问题，你不如暂时搁置，使自己保持释然的心态，也许在放松之余，办法就会悄然而至。你可以和同事聊聊天，或者约上三五个好友一起爬山品茗，健身运动等。最后，你还可以吃一些能使自己开心的坚果，并且保持充足的水分。身体的舒缓也能够帮助你放松紧张的精神，这是毋庸置疑的。尤其是对于女性而言，一杯芳香四溢的玫瑰花茶，能够很好地缓解你紧张的情绪。

近来，艾琳的工作压力特别大，她不仅要承担自己的本职工作，还要兼顾公司领导让她专门负责的实习生米利。如此坚持了一个月之后，艾琳实在不堪重负。她变得越来越爱发脾气，越来越没有耐心。在经过一段时间的思考之后，她决定请个长假外出旅游一番。当然，艾琳为了请假花费一番心思，因为在如此紧要的关头，没有任何领导愿意放走一个经验丰富的员工。为此，艾琳找到了自己在医院工作的表姐，请她给自己开了一张病假条。以生病为缘由，艾琳不仅成功地请了几天假，还说服领导批准了自己休年假。就这样，艾琳和老公飞到了美丽的云南丽江，之后去了大理，还爬了雪山。一切都像梦幻中那般美好，艾琳简直不知道该如何形容自己的心情。十天旅行结束，回到公司上班的艾琳使同事们大感惊讶，那个整天挂着一双熊猫眼的艾琳不见了，取而代之的是一个崭新的艾琳，她精力充沛，对人非常有耐心，非常和善。

此后，艾琳的工作状态特别好。最使她感到欣慰的是，经过她悉心指导的米利在她离开的这段时间取得了很大的进步，几乎能够独当一面了。不仅把自己的工作处理得井井有条，也兼顾了艾琳的工作，解决了艾琳的后顾之忧。如今的艾琳，就像一个动力十足的陀螺，工作效率大大提高，全身心地投入到了生活之中。她找到了生活和工作之间的平衡点，而且顺利地摆脱了焦灼不安的坏情绪！

在这个案例中，假如艾琳没有及时体察到自己的情绪，没有及时调整自己的坏情绪，结果恐怕不会这么完美！对于分工合作越来越密切的现代职场，假如你始终被坏心情困扰，那么你就无法很好地与人沟通和合作。如此一来，你与同事们之间的人际关系必然越来越差，工作效率也会随之降低。所以，我们必须及时体察自己的情绪，及时帮助自己摆脱坏情绪，这样，我们的生活和工作才会更加顺利！

积极的人乐观地看事情

有人说这个世界上只有两种人，即男人和女人，从性别的角度来说，这种说法当然是正确的。假如从心态的角度，可以划分为几类呢？我们可以把人分为积极乐观的人和消极悲观的人。当然，这主要是从人们看待世间万物的角度来划分的。积极乐观的人看待人和事物，总是能

够摆正自己的心态，凡事多往好的方面想，从而使自己鼓足勇气，勇敢地面对生活的坎坷和挫折。相反，消极悲观的人则总是万般绝望，即使一件充满希望的事情，在他们眼中也会折射出消极悲观的色彩。世界上的大多数奇迹都是由积极乐观的人创造的，因为他们心存希望，从不轻易放弃。与此相反，消极悲观的人很容易一事无成，因为他们总是对事情充满绝望，不愿意为此付出自己的努力，不愿意进行最后的争取。那么，你想成为哪一种人呢？相信大多数人都想成为积极乐观的人。其实，说起来容易做起来难，因为世界上还是有很多悲观绝望的人。他们并非不想成为积极乐观的人，只是不知道如何才能让自己变得积极乐观。

其实，要想使自己变得积极乐观，首先要对自己充满信心。要知道，信心是成功者必须具备的品质。只有信心十足，才能够坦然面对生活所赐予的一切，并且自信地去解决所面对的难题。其次，还要形成正确的人生观、价值观。很多时候，并非人们的能力有限，而是因为人心过于贪婪。假如你始终欲壑难填，那么即使你能力再强，拥有再多，也难免觉得远远不够。最后，不管什么时候，都要做最坏的打算，往最好的方向努力。之所以要做最坏的打算，是为了给自己进行心理铺垫。假如你已经做好了最坏的打算，那么你所取得的结果无疑都是很好的结果。往最好的方向努力，能够使你不放弃任何希望和可能性，使自己竭尽所能地争取最好的结果。很多时候，周围的人会给你一些评价，尤其是当你决定做一件大事的时候，假如你心中已经确定了自己要做什么，那么，你就应该让自己的耳朵成为一个过滤器，只听进别人鼓励的话，而过滤那些使你泄气的、失去信心的话！只要做到以上三点，你就能够成为一个乐观看事的积极的人。

很久以前，有一群青蛙组织了一场攀爬比赛，谁能够爬到高塔的塔顶，谁就是胜利者。森林中的很多动物都跑来观看，但是，它们并不相信小小的青蛙能够爬到高高的塔顶。

猴子担任裁判，随着一声令发，一大群青蛙开始向着高塔的塔顶

攀爬。

坦白地说，这群青蛙想要爬到高塔的塔顶的确是非常艰难的，因为它们简直太小了，而且腿部的肌肉力量也不够。

兔子说：“这些小小的青蛙，一步只能跳那么远，猴年马月才能爬到塔顶啊？我看，我得回家睡一觉再来！”

猴子说：“虽然爬上塔顶对于我而言是轻而易举的事情，但是青蛙却给自己定下了这个目标，未免有些不自量力。它们只有后腿有力量，不像我，还有灵巧的上臂！”

老虎则更加不懈地说：“假如有任何一只青蛙能够爬上塔顶，我情愿一个月只吃青草，不吃肉！”

其他动物也是议论纷纷，没有任何动物相信青蛙能够爬上塔顶。

听到这些令人泄气的话，越来越多的青蛙开始失去信心，最后，除了情绪高涨的几只青蛙还在继续往上爬之外，其他青蛙都放弃了。

动物们还在不停地说：“这简直太难了”“我可不相信有青蛙能够爬上塔顶！”

最终，除了一只青蛙还在攀爬，没有任何放弃的意思之外，所有的青蛙都气喘吁吁地回到了地面。可以看出来，那只唯一坚持的青蛙已经非常疲劳了，甚至有一次，它差点儿掉下来。但是，它调整了自己的位置，坚持不懈地向上攀爬。最终，它成功地爬到了塔顶。

毫无疑问，其他的青蛙都想知道它是如何取得成功的。有一只青蛙跑上前去采访它成功的秘诀，但是，那只胜利的青蛙只是笑着，却一言不发。最终，动物们发现了一个事实，原来这只成功的青蛙是个聋子！它之所以能够坚持不懈地往塔顶攀爬，就是因为它根本没有听到其他动物的纷纷议论！

从这个故事中我们不难明白一个道理，即在坚定不移地向自己既定的目标努力的过程中，我们应该记住那些充满活力的激励的话语，而尽量忽视那些使人泄气和绝望的话语。要知道，所有你听到的或者读到的话语都将影响你的行为，并且影响你最终的结果！由此可见，

我们应该想方设法地保持积极、乐观的心态！只有这样，才能实现我们最终的目标！

只有学会遗忘，才能拥有快乐

人的一生就像一次旅行，有的人背着沉重的行囊，就像蜗牛背着沉重的壳一样，无法走得更快！但是，有的人却步履轻盈，一边走一边欣赏沿途的风景，生活得无比惬意。为什么会有如此巨大的区别呢？这是因为他们所背负的东西不同。前者背了太多沉重的往事，而后者则只带了必不可少的物品，然后一路向前。如此一来，差异立显。其实，对于那些使人高兴的事情，背负着也无妨，因为它们非但没有重量，反而能够使我们在想起来时感到无比轻松和惬意。但是，对于那些使人感到万分沉重和痛苦的往事，则没有必要牢记。要知道，假如你始终牢记那些使人不开心的事情，快乐就无法进驻你的心房，而且痛苦还会蒙蔽你的眼睛，使你无法看见前面旅途中的美丽景色。

人生是琐碎的，我们始终无法避开那些令人不愉快的人和事，而那些人和事，又总是无时无刻地牵引着人们纯洁的心灵。每当回忆起那些使人痛苦的往事，人们就会泪眼迷蒙，心灵也会在瞬间崩溃。要知道，那曾经的苦痛和无心之间犯下的错误犹如一颗“定时炸弹”，你不知道它会在哪一个时刻会突然爆发。所以，你必须学会遗忘，因为只有遗忘，才能减缓炸弹的引爆。自古以来，记忆与遗忘就是一对矛盾。究竟哪些人和事需要记住，让自己不至于忘本，哪些人和事必须遗忘，才能让自己活得更加轻松，在解决这个问题的过程中，人逐渐成长和成熟。毫无疑问，记忆是人类所必需的，它使我们阅历深厚，知识丰富。同样的道理，有意识地、有选择地遗忘也是必需的，它能够使我们轻装前行，步履轻盈。假如说人生是厚重的，那么记忆则是必不可少的手段；假如说人生是痛苦的，那么以往则是避免疼痛和伤害的唯一武器。只有学会遗忘，人们才能变得更加宽心和快乐，摆脱痛苦过往的纠缠。

沈晓和马力是一个胡同里长大的哥们儿，情窦初开时期，他们自然地走到了一起，组成了完整的家庭。当初，马力家里特别贫穷，但是沈晓还是毅然决然地嫁给了马力。结婚之后，因为两个人的文化程度都不高，所以他们开始了艰难的创业过程。为了生存，为了拥有更好的生活，他们几乎尝试了各种各样赚钱的方法。诸如，卖光碟、开饭馆、摆地摊等。经过几年的奋力拼搏，他们的生活终于好转了，他们小有积蓄。此时，马力的心态发生了变化，居然被一个朋友忽悠要投资去拍电视剧。

沈晓费尽了口舌也无法阻止马力，只好随他去了。然而，马力在投资拍电视剧的过程中和一个演员发生了不正当关系，最终决定和沈晓离婚。在马力离开家的那一天，沈晓极力挽救，但是马力还是义无反顾地走了。离婚后的那段时间里，沈晓几乎每天以泪洗面，她无论如何也想不明白，自己和马力辛辛苦苦组建的家，怎么一下子就散了呢？沈晓甚至想到了自杀，但是看着陪伴自己一起哭泣的老母亲，她犹豫了。

经过几年的“疗伤”，沈晓从那段不堪回首的经历中走了出来，开始了自己新的生活。

不久之后，沈晓认识了一个非常优秀的男人，他们在一起相处得很愉快很和睦，顺其自然地组建了新的家庭。

从这个案例中可以看出，假如沈晓始终无法忘记马力，那么她的一生都会被怨恨纠缠，无法开始自己新的生活。其实，在这个世界上，地球离了谁都照样转。我们应该珍惜值得我们珍惜的人，而对于那些不懂得珍惜感情的负心汉，哭泣和怨恨都是无济于事的。对于被抛弃的女人而言，一味地沉浸在往日的痛苦之中反而更深地伤害了自己，只有学会遗忘，才能放宽心，开始自己崭新的人生！

第 08 章
“宽心”是一份感恩，懂得珍惜不去斤斤计较

很多时候，人们之所以宽容大度，是因为懂得珍惜。尤其是在面对自己的爱人、家人的时候，感恩使我们更加珍惜对方，自然也就不会斤斤计较。充满感恩的人生必然是充满爱的人生，只有感恩，我们才能满怀欣喜面对世间的一切。

要包容大度，不要锱铢必较

批评和埋怨别人，这其实是一件非常容易的事情，即使是傻瓜也知道应该如何去做。相比之下，懂得理解和宽容他人的人虽然看起来很傻，吃了亏也不计较，但是却需要具备极好的修养和良好的自我控制力。一个不能自控的人，面对别人的任何伤害，都会不假思索地指责和埋怨。但是，一个能够很好地自我控制的人，他们总是怀着一颗宽容的心，包容别人，不斤斤计较。也正是因为如此，他们总是在受到伤害后一笑而过，吃了亏而不以为然。从表面上来看，他们很傻，因为不知道维护自己的利益，不知道为自己据理力争，其实，这种人是大智若愚，他们知道，有舍才有得。世界上的很多事情看似毫无关联，实际上却有着千丝万缕的联系。很多时候，你在这里失去了，也许在其他方面会有出乎意料的收获。但是，很多时候，一些人表面上看似非常精明，从来不吃亏，处处爱占小便宜，实际上他们却吃了大亏，只是不自知而已。

纵观古今中外，大凡能够成就大事者，都有着博大的胸怀，能够包容别人的过错，既往不咎。也正是因为如此宽容大度，他们才能够得到别人的真心，别人也才会全心全意地帮助他们，辅佐他们。这种案例，在历史上数不胜数。

楚庄王是春秋五霸之一，有一次，他宴请群臣，要求大家不分君臣，尽兴饮酒作乐。

正当大家兴高采烈之时，一阵风吹来，灯火全都熄灭了，全场陷入一片漆黑之中。此时，由于酒后乱性，所以有人乘机调戏了楚庄王

的爱姬，爱姬非常机智，扯下了这个人的冠缨。她大声地告诉楚庄王：“大王，刚才有人调戏我。我已经把他的冠缨折下来了，请大王把灯火点燃，只要看清谁的冠缨断了，就能够判定他就是调戏我的人。”此时，群臣的酒被吓醒了一半，大家乱成一片，以为定会有人因此而丧命。但是，出乎大家意料的是，楚庄王却宣布：“先不要点灯。请大家在点燃灯火之前都扯下自己的冠缨，假如有人不扯断自己的冠缨，那么必将受罚。”

当灯火再次燃起的时候，群臣都已经拔去了自己的冠缨。这样一来，自然无法查出那个调戏爱姬的人了。大家都长长地舒了一口气，继续娱乐起来。

两年后，晋军进攻楚。此时，一名将军无比英勇，勇往直前，杀敌无数，立下了赫赫战功。为此，楚庄王召见他，赞扬他说：“这次打仗，幸亏有你奋勇杀敌，才能使我们顺利地战胜晋军。”想不到的是，这个将领泪流满面地说：“两年前，在酒宴中调戏大王爱姬的人就是臣。当时，幸亏大王仁慈宽厚，重视臣的名誉，宽容臣的过错，不处罚臣，而且，还让众大臣都折断自己的冠缨给臣解围，这使臣无比感激。从此以后，臣就决心效忠大王，等待机会能够为大王效命。”

胡佛是著名的特技飞行员和试飞员。在一次特技表演后，他从圣地亚哥返航至家乡洛杉矶。在300英尺的高空中，他突然发现飞机的两个发动机同时失灵。胡佛并没有惊慌失措，而是敏捷熟练地操纵着飞机，并且想方设法地安全着陆，虽然机身受到了巨大的损害，但是没有任何人员伤亡。

紧急迫降之后，胡佛首先检查了飞机燃料。果然不出他所料，这架“二战”螺旋桨飞机使用的是喷气式飞机用的煤油，而不是汽油。回到机场之后，胡佛在第一时间要求和维护飞机的技工见面。当胡佛走向他的时候，这个为自己的错误懊恼不已的年轻人已经泪流满面了，因为他的失误，导致一架非常昂贵的飞机报废，并且险些使机上的三个人丧命。

假如是别人，一定会非常气愤，对着技工破口大骂。然而，胡佛非但没有怒斥犯错的技工，而是走上前去，用宽厚的手臂环住他的肩膀，真诚地说："我相信你以后再也不会犯类似的错误了。为了证明我的信任，我决定让你从明天开始负责修护我的F—51型飞机。"

因为楚庄王的宽容，他多了一位誓死为他效力的勇士。因为胡佛的宽容，那个技工一定会在以后的工作中更加细心和努力。这就是宽容的力量，有时候，它远远比责怪的效果更好！虽然我们不是伟人，但是在日常生活中，假如你想拥有更多真心的朋友，你就要学会包容大度，切勿锱铢必较！

计较起源于猜疑

在生活中，斤斤计较的人比比皆是。不过，计较的起源却是完全不同的。有的人之所以计较，是因为本身对金钱、物质等看得比较重。有些人之所以计较，是因为没有安全感，总是希望身边的家人、朋友或者是爱人给予自己更多。稍有不足，他们就会马上计较起来，生怕对方不够重视自己。有些人之所以计较，则纯粹是因为置气。例如，他们根本不在乎多一点或者少一点，但是就因为有比较，因此他们非要争那多一点，或者少一点。

在众多的计较之中，尤其以女人对丈夫的计较，下级对上级的计较最为特殊，因为这两种计较的起源都是猜疑。所谓猜疑，指的是无中生有地生出疑心。很多时候，猜疑起源于对人对事不放心。具体说来，最初的猜疑只是为了保护自己以及自己的利益。然而，随着猜疑的加重，就会越来越小心眼，越来越计较对方的一言一行，计较对方对自己是否看重，是否全心全意，是否公平。其实，猜疑不仅是对人的一种伤害，也是对自己的一种摧残与折磨。大多数情况下，计较不仅于事无补，还会导致对方心生厌烦或者不满，最终变本加厉。

张娜最近对丈夫盘查得越来越紧了，因为她无意间在丈夫身上发现了一个口红印记。虽然丈夫再三解释说不知道是怎么回事，但是张娜还是如临大敌，开始24小时严密监视和戒备。每天，只要丈夫回家稍微晚一点儿，张娜马上就会打电话询问他为什么这么晚还没有回来。有的时候，即使丈夫在开会，她也会不厌其烦地盘问一番，在哪里开会，和谁一起开会。事情的导火索是因为丈夫忘记了结婚纪念日。假如在正常状态中，张娜也许根本不会计较丈夫忘记了结婚纪念日，但是由于此刻的情况非比寻常，所以张娜的反应非常激烈。那天晚上，丈夫因为加班回家晚了，张娜就一直给丈夫打电话，甚至还把电话打到了办公室的座机上。面对同事们的调侃，丈夫无地自容。回到家之后，他发现张娜气鼓鼓地坐在沙发上，就说：“岗也查了，心也放在肚子里了，怎么还不去睡觉啊？”张娜突然泪流满面地说：“今天是什么日子？我问你今天是什么日子？”丈夫显然忙晕了，半天也没想起来。张娜歇斯底里地说：“你忘记了我们的结婚纪念日，是不是这个日子对你来说不再是值得纪念的日子，而是一个梦魇？”丈夫赶紧解释：“对不起啊，最近太忙了，居然把这个日子忘记了。这样吧，你想要什么礼物，我明天陪你去买！”张娜还是不依不饶。她把丈夫对结婚纪念日的遗忘和丈夫对她的感情联系在了一起，这使丈夫非常苦恼。

杜明和顶头上司张杰的关系原本非常好，就像哥们儿一样无话不谈。然而，在一次评选“先进工作者”的过程中，张杰因为私心，把原本属于杜明的荣誉给了自己的小姨子李霞。从此以后，杜明就不那么信任张杰了，而且总是对张杰在工作上的安排斤斤计较。

虽然这次海南岛出差原本就应该派杜明去，但是因为时值年终考核，所以杜明不想在如此重要的时刻去海南岛出差。为此，杜明和张杰之间发生了冲突。杜明说：“为什么要派我去海南岛出差呢？我不想去！”张杰说：“这是工作需要，你一直负责那边的市场，对那边的情况也比较熟悉，你是最佳人选。”杜明愤愤不平地说：“除了我之外，还有别人负责那个区域啊，为什么不派他们去？上次我就因为出差失去了一个对我很重要的荣誉，眼下就要年终考核了，我不想离开大本营！”张杰安抚杜明：“你放心吧，不管你人在哪里，该是你的一样都不会少！”杜明还是坚持说：“反正我不想去，我因此已吃过一次亏了！”最终，他俩不欢而散。

张娜在发现丈夫衬衫上的口红印记之后，她对丈夫的信任就减少了，与此相对应的，猜疑就增多了。正是因为猜疑，使她非常计较丈夫的一举一动，即使是无关紧要的小事，她也会再三盘问。这就是缺失信任导致的后果。夫妻之间，信任是最重要的。而在第二个案例中，杜明对于出差斤斤计较也是因为对张杰不信任引起的，张杰因为一次私心失去了杜明对自己的信任，所以才会在开展工作的时候遇到重重阻碍和困难。当因为猜疑而引起计较的时候，不管是哪一方，尤其是失去信任的那一方，首先应该反思，重建信任。只要彼此之间重新建立起信任的关系，猜疑就会烟消云散，计较自然也会随之减少。

斤斤计较反而失去更多

在生活中，很多人因为心眼太小、心胸狭隘、过于注重自己的利益而斤斤计较。实际上，斤斤计较非但不会使你得到更多，有时候，反而会导致你失去更多。斤斤计较的人看似在小事上得到了很多利益，但是却给别人留下了恶劣的印象，导致别人不愿意与其进行更加长久的合作。如此想来，岂不是失去更多？当然，斤斤计较的人除了失去一些合作的机会和利益之外，还会失去最宝贵的资源——朋友。通常情况下，斤斤计较的人因为心胸狭隘，很难拥有良好的人际关系。和朋友在一起的时候，他们因为谁请谁吃饭喝茶，谁埋单的问题而伤透脑筋，最终，失去了朋友。

古人云，水至清则无鱼，人至察则无徒。意思是说，假如水太清了，鱼儿就无法生存，假如人太精明，凡事都看得很清楚，那么就很难

有朋友。同样的道理，在人际交往的过程中，假如一个人算计得太精明，即使是好友，也会失去。其实，很多人在交朋友的时候显得傻傻的，但是却很可爱，他们无私地为朋友付出，也得到了朋友无私的回报。这是因为人与人之间的交往是相互的，你想得到多少，那么你首先应该付出多少。有些人在与人交往的时候总是别有用心，这样未免有些狼子野心，昭然若揭。实际上，谁都不傻。只不过，有人的精明总是摆在桌面上，而有人的精明则深深地藏着心底。假如你能够意识到斤斤计较反而容易失去更多这个道理，那么你就能逐渐改变自己的行为方式，学会更好地与人相处。

苏菲在班级里的口碑非常好，几乎每个同学都喜欢她，因为她总是真诚地帮助同学们解决一些问题。但是，近来，苏菲在同学们中的口碑却一落千丈，每个同学见到她都避之唯恐不及。原来，这都是一次选举惹的祸。

近来，学校得到了一个名额，要评选出一名德智体美劳全面发展的同学作为整个地区的优秀学生。虽然苏菲之前在班级中表现得非常优秀，但是，这次却特别想争取到这个名额，因为被选中的同学很有可能将于毕业的时候被直接保送研究生。其实，为自己争取一个难得的机会是无可厚非的，但是，苏菲错就错在不应该明目张胆地给自己拉选票。大家都知道，大学环境还是比较单纯的，每个同学心中都有一杆秤。其实，苏菲只要像平时一样对待同学们就足够了，但是，苏菲却一反常态，更加热情地对待同学们。她利用每天的午饭时间请各个同学吃饭，这使同学们非常反感，因为她的功利性太强了。在吃饭的时候，她还会讨好同学们，并且许诺一些好处。如此一来，原本对她印象非常好的同学反而对她产生了反感。最可怕的是，苏菲居然公开诋毁那名与她竞争的同学，故意说那名同学一些坏话。

最终，苏菲虽然得到了那个宝贵的名额，但是却失去了同学们的信任。大家都在私底下议论纷纷，说苏菲为得到这个名额肯定也对老师进行了公关，所以才能够顺利当选。自从发生了这件事情之后，同学们再

看到苏菲，都避之唯恐不及，因为他们都觉得苏菲的城府太深了，手段也过于社会化。因为计较这个名额，因为太想得到这个名额，苏菲失去了同学们的信任，这使她在之后的大学生活中如履薄冰。

其实，苏菲原本可以一直保持自己在同学们心目中的美好形象，然而，在这个荣誉面前，她却没有把持好。要知道，没有人愿意被别人当成一颗棋子，也没有人愿意和一个城府太深的人打交道。苏菲虽然得到了那个宝贵的名额，但是却失去了同学们的信任，孰轻孰重可想而知！很多时候，计较是性格中的缺点，它是我们在生活、工作和事业上的绊脚石，很容易使人们在不经意之间失去更多的东西。一个富有的人并非因为自己拥有的多，而是因为自己计较的少。假如你也想使自己成为一个富有的人，就应该放宽胸怀，让自己远离斤斤计较，多一份随遇而安！

不计较的人更容易交到朋友

朋友之间，最重要的就是真诚，其次就是不能斤斤计较。观察身边的人和事情，我们不难发现，那些凡事宽容大度的、不斤斤计较的人更容易交到朋友。很多时候，你想让朋友对你怎样，你应该首先怎样对待朋友。有些人愿意付出，他们无私地对待朋友，所以也赢得了朋友的友情，得到了朋友无私的回报。相比之下，有些人却希望别人首先对自己付出，然后他再作为回报为对方付出。虽然只是先后次序的区别，但是结果却完全不同。主动付出的人身边围绕着很多朋友，被动付出的人在友情之中失去了主动权，自然收获的友情不如主动付出的人多。其实，朋友之间是一种缘分，茫茫人海，大千世界，两个人能够相遇、相识、相知，是一种莫大的缘分。那么，你是如何珍惜这种缘分的？最重要的就是宽容大度地对待朋友，凡事不要斤斤计较！

很多时候，我们要求别人不计较，但是自己却斤斤计较，这当然是

行不通的。设身处地地为别人着想之后，你会发现自己也不愿意和一个斤斤计较的人交朋友。所谓朋友，正是那些不计较名利坦然相待的人。随着经济的发展，人们的生活节奏越来越快，不仅是友情，甚至连爱情都步入了快餐时代。人们因为需要走到一起，又因为不需要而离开。这使我们不禁要问：还有没有不计较的感情？所谓不计较，除了不计较交往过程中的付出之外，也指不计较对方的身份、地位以及经济能力。在交往过程中，很多朋友吃饭的时候喜欢AA制，如今，大城市的很多白领人士已经接受了这一新的观念，一起吃饭，图个乐呵。甚至还有些夫妻之间也实行了AA制，家庭生活有着明确的分工和合作，凡事都一起出钱。对于这种友情和爱情，从传统的角度来说，总觉得没有大家围坐在火炉旁一起大块吃肉大碗喝酒来得更加热烈，没有夫妻之间同甘共苦、相濡以沫来得更加可靠！在选择和什么人成为朋友的时候，有些人除了精神方面的沟通和交流之外，其实更加看重对方的客观条件，例如，能不能为我所用，对自己有没有提携和促进的作用，甚至在寻找人生伴侣的时候，人们也把心灵的契合放在了第二位，而把各种客观条件放在了择偶的第一位。这无疑会使人们的精神更加贫瘠和苍白！

笑笑和林倩既是同班同学，也是上下床的舍友。不过，她们俩却有着很大的不同，即笑笑有很多好朋友，但是林倩却只有包括笑笑在内的屈指可数的几个朋友。为此，林倩非常疑惑。她认真地观察笑笑，而且虚心地向笑笑请教：“为什么你有那么多的朋友，而我的朋友却很少呢？”笑笑看了看林倩，说：“你想听我说真话，还是假话？”林倩毫不犹豫地说：“当然是真话！”笑笑一本正经地说：“我认为你在交朋友的时候，思想上存在一定的误区。”林倩更加疑惑了，说：“我很想交朋友啊，我是很积极的！”笑笑说：“我当然知道你是很积极的，但是，你不觉得你交朋友的目的性很强吗？例如，你之所以和王晶成为朋友，是因为你觉得她的学习成绩非常优秀，能够帮助你提升学习成绩；你之所以和李渡成为朋友，是因为你觉得他是学生会主席，有一定的权力；你之所以和我交朋友，是因为觉得我的人际关系非常广，身边围绕着很多朋友，能够给予你帮助……对吗？”林倩陷入了沉思之中，笑笑赶紧说：“当然，我也是瞎猜的，我不是你肚子里的蛔虫，当然无法知道你真实的想法。”林倩若有所思地说：“你这么一说，我倒是觉得你说得有点儿道理！”笑笑接着说：“我呢，之所以身边有这么多的朋友，主要是因为我交朋友的时候从来不过脑子，只要人家是真诚地想和我成为朋友，我就很乐意成为他们的朋友。其实，朋友的价值并不是能够帮助你多少，而是心灵的沟通，大家在一起非常快乐，有了苦恼的时候也能够共同分担，说一些安慰的话，这就足够了！所以，你看，你的朋友大多是在某些方面比较突出的，而我的朋友呢？都是一些非常普通的同学，但是我们在一起很快乐！”林倩心有不甘地说：“我觉得我为朋友也付出了很多啊！”笑笑一拍脑门，说：“这也是咱俩的区别！你看，我交朋友的时候从来不会想着自己付出得多还是别人付出得多，但是，你呢？你大多数情况下是在有求于人的时候才会付出很多！这样一来，你的付出就带有很大的功利性，而我的付出则显得比较真诚，没有任何目的。”

听了笑笑的一番话，林倩恍然大悟。从此以后，她改变了自己的心态，非常真诚地对待自己的朋友，而且从来不计较，果然，她身边的朋友变得越来越多。

要想使自己拥有更多的朋友，就要学会摆正自己交朋友的心态，不计较地、真诚地对待自己的朋友！

学会与棱角分明的同事交往

就像世界上没有完全相同的两片树叶一样，在生活中，每个人都是一个独立的个体，每个人都有自己独特的个性。这就要求我们要学会与不同个性的人相处。在职场上，我们尤其要学会与棱角分明的同事交往，这样才能使自己的工作更加顺利，使自己的职场发展更加顺利！

所谓棱角分明，其实是一个非常模糊和宽泛的概念。何谓棱角分明？宽泛地说，就是个性比较强的人。假如进行细致的划分，则可以分为很多种类。用一个形象的比喻来说，个性圆融的人就像一块块被磨圆了的鹅卵石，但是棱角分明的人则像一块块未经打磨的石头，他们有些生硬的线条和尖锐的角。拿着一块圆融的鹅卵石，你可以攥紧你的手心，而不怕被扎。但是，如果拿一块棱角分明的石头，你还敢紧紧地把它攥在自己的手心里吗？当然，假如你不怕扎，不怕流血，你还是可以攥紧自己的手心的。然而，在现实生活中，没有人愿意平白无故地受伤或者是流血，这就要求你要学会如何与这块棱角分明的石头相处。同样的道理，在残酷的职场中，假如你不想作无谓的牺牲，那么你就应该学会与棱角分明的同事相处，这样才能达到共赢的结果。很多时候，以卵击石是不可取的，以软碰硬也不是明智的选择，正确的做法是采取策略，达到共赢。

首先，要尊重对方的个性和尊严。人不是流水线上生产出来的统一标号和规格的零件，所以不可能是完全相同的。对于棱角分明的人，只要不是品质有问题，我们一定要尊重他的个性和尊严，这样才能打开对方的心门，使其真诚地接纳你。其次，要学会包容。只有你包容对方的个性，对对方表示理解，你才能更好地与对方相处。最后，还要学会展示自己，得到对方的认可。假如能够做到这三点，你就能够很好地与棱角分明的同事相处。要知道，与人相处和领导安排下属工作是相同的，必须趋利避害，扬长避短。

大学毕业以后，张明进入一家外企从事销售工作，因为销售工作更多注重销售经验，所以张明被安排和李延一起实习。在实习的过程中，张明发现李延是一个特别难相处的人。他在公司里的销售业绩是最好的，为人桀骜不驯，总是听不进去别人的话，刚愎自用，特别武断。他似乎始终沉浸在自己的世界里，而对外界发生的事情不闻不问。也正是因为他始终专注于自身，对待客户有一种锲而不舍的精神，所以他才能够很好地完成自己的销售任务，几乎每个月都位居公司销售榜上第一名。

在和李延实习的过程中，张明非常苦恼。因为李延几乎不怎么和他说话，更没有细心地教授，所以张明只得默默地学习、模仿李延。有一次，李延遇到了一个不买账的客户，不管李延怎么说，对方就是不从李延这里购买软件。一个偶然的机会，张明在客户的桌子上发现了一张全家福照片，照片上的男孩看上去五六岁的样子，非常可爱。所以，张明把专门托人从国外带给外甥的变形金刚套装交给李延，并且让李延在下次拜访的时候送给那个客户。这真是一步别开生面的棋啊，瞬间就使他们走出了绝境。客户看到这套变形金刚之后，惊呼道："从哪里搞到的啊？我儿子已经追着我要一个月了，这可是限量版的呢，我托了很多人都没有买到。"这时，李延不知如何作答，张明在一边淡淡地说："我外甥六岁了，也喜欢这套变形金刚。所以，我就托人从国外买了两套，本想着其中一套作为备用的，那天恰巧看到你的孩子和我外甥相仿的年龄，所以不如成人之美了！"

果不其然，在李延和张明拜访之后的次日，这个客户主动给他们打电话签合约，并且说以后会长期合作的。这件事情之后，张明成了整个公司里和李延关系最亲近的人。后来，他们居然成了无话不谈的好朋友！

其实，张明之所以能够得到李延的认可，主要是因为他适时适当地展示了自己的实力。大凡能力比较强的人，总是有点儿孤芳自赏。李延的业绩始终是公司第一名，他当然不会轻易服软了，而张明则得到了李延的肯定。对于棱角分明的人，最失策的做法就是与其对着干，针尖对麦芒，只有学会尊重和理解对方，然后找合适的机会得到对方的认可，就能够走进对方的心灵！

如何对付喜欢打小报告的同事

学生时期，细心的同学都有过这种经历，即发现一些同学特别喜

欢打小报告。同桌上课说话了，他打小报告；某某作业没写完，他打小报告；张三不小心把李四的铅笔盒摔坏了，他还是打小报告。我们很纳闷，这些事情看上去和他没有半毛钱关系，他为什么总是乐此不疲地打小报告呢？其实，这是一种性格特点，而不是一种习惯。然而，不管是性格特点还是习惯，都是很难改变的。久而久之，这个爱打小报告的同学长大了，步入了社会，投入到工作之中，但他还是一如既往地喜欢打小报告。同事迟到了，他打小报告；同事说领导坏话了，他打小报告；甚至连同事与爱人关系不和，闹离婚，他也要打小报告。这个小报告打来打去，有什么好处呢？假如遇到一个不辨是非的领导，那么会鼓励他当自己的“耳目”，继续打小报告；假如遇到一个非常理智和公正的领导，那么首先会怀疑打小报告者的人品，继而细心分析他所说的话是否属实。假如不幸遇到了第一种领导，那么打小报告的行为就会有愈演愈烈之势；假如侥幸遇到了第二种领导，那么虽然打小报告的行为能够得到及时的遏制，但是却从此在领导的心目中留下了不好的印象，最终葬送了自己的职业前程。由此可见，不管从哪个方面来说，打小报告都是得不偿失的。

那么，既然我们都认识到了打小报告的恶劣后果，当然不会去充当那个打小报告的人。但是，这却无法阻止别人打我们的小报告。假如有人打你的小报告，你应该怎么做？大多数情况下，为了使自己编造的“小报告”发挥陷害人的功效，那些散布流言蜚语告“黑状”的人已经掌握了人们的心理活动规律，即人们总是相信第一印象，第一印象一旦形成，就很难改变。为此，在面对打自己小报告的人的时候，我们首先应该态度强硬，正所谓身正不怕影子斜。只要你相信自己，那么你就完全可以理直气壮地和打小报告的人对峙。要知道，在了解情况的时候，假如你忍气吞声、息事宁人，那么对方就会认为你胆怯。这个时候，态度在很大程度上能够说明一些问题。你可以采取主动出击的策略，把所发生的事情的原委详细客观地告诉大家，使大家在心中对此进行评判。此外，你也可以与打“小报告”的人进行公然论战，一一反驳他所列举的“黑材料”以及各种不实之辞。当然，要想不授人以柄，最根本的解决方法还是自己要端正清明，让人没有小辫子可抓。要想做到这一点，就要一身正气，凡事讲求公正，用事实说话。

黎明和朱志是大学同学，大学毕业后，他们一起应聘进一所学校当教师。工作两年之后，学校恰巧有一个名额，要外派到美国去进修一年。因为其他的老教师大多已经结婚生子，青年教师中又数黎明和朱志最为优秀，所以，黎明和朱志理所当然地成了竞争对手。

其实，论教学水平和科研能力，黎明和朱志是不相上下的。黎明是学习心理学的，朱志是学习中文的。但是，相比之下，黎明的人缘更好一些，朱志却有一些文人的清高。对于能否得到这个去美国的机会，黎明非常坦然，不过，有人却看到朱志下班后拎着礼品去校长家里。很快，学校就定下了去美国进修的名额，其中，赫然有朱志的名字。很多同事为黎明打抱不平，但是，黎明却很淡然。他说：“不管谁去进修，只要对学校有所贡献就可以”。然而，一个星期过去了，黎明却一反常态地竭力争取这个名额。原来，黎明之所以没有得到这个名额，是因为朱志去校长家送礼打了黎明的小报告。朱志告诉校长，黎明在大学期间曾经因为几门学科不及格而被劝退，后来是因为黎明的爸爸给校长送了重金，黎明才得以把大学读完。

对于朱志这种无中生有的造谣行为，黎明非常气愤。他联系了自己大学时期的班主任华老师，并且请求华老师亲自给校长打电话。原来，黎明的确有几门功课没有通过考核，不过，那是因为他生病落了几个月的课程，因此根本没有所谓的劝退之说。面对黎明如此强有力的回击，朱志哑口无言。最终，他煞费苦心得到的进修名额被取消了。

对付那些喜欢打小报告的同事，最好的方法就是用事实说话，假如能够像黎明一样找到第三者为自己做证，那么就更容易证明自己的清白。不管谣言怎么魅惑人心，事实都是最有力的证据，胜于一百句雄辩。

如何对待与你争功劳的同事

随着社会的发展，很多工作都变成了脑力劳动，这也就决定了在现代职场，越来越多的“偷窃”行为时有发生，防不胜防。因为大多数工作都是通过脑力完成的，也就意味着没有人能够证明这项工作到底是由谁来完成的，不像盖房子，周期长，而且很多人都看到了这个事实。如此一来，怎样保护好自己的工作成果就成了每个职场人士都必须关注的问题。即使如此，仍旧防不胜防。那么，职场中如何对待与你争功劳的同事呢？

如今，职场的竞争越来越激烈，为了使自己能够有一个好的前途和未来，很多人甚至恬不知耻地抢夺原本属于同事的功劳，将其据为己有。这种行为和偷窃简直毫无区别，是非常可耻的。然而，在现实生活中，作为职场人士，很多人都曾遭遇过这种偷窃行为，看着原本属于自己的劳动成果被别人占有，你会如何处理呢？有的人也许会选择忍气吞声，有的人也许会选择据理力争，但是，对于上层领导来说，不管是谁的劳动成果，只要是对公司有利的，他们都会任用无误。由此看来，领导并不会在这件事情上持坚定的立场，而是睁一只眼闭一只眼。所以，在遇到功劳被抢的时候，不要把太多的希望都寄托在领导身上，毕竟，很多成果都是脑力劳动的结果，没有人能够证实这个成果是你的还是他的。所以，在这场没有硝烟的争夺成果之战中，我们必须开动自己的脑筋，灵活机智地解决问题。只有让事实不辨自明，对于被偷窃的一方，才是最好的结果。

张虎和李哲应聘进同一家公司工作，因为年纪相仿，而且经历也很相似，所以他们相处得很好。

一次，单位接到了一个很大的项目，公司老总在全公司范围内征集好创意。老总承诺，只要创意被采用，不管是谁，都官升一级。为此，公司上下都在非常努力地冥思苦想。看着大家摩拳擦掌的样子，张虎脑中灵光一闪，他决定走一条与众不同的路线，才能够旗开得胜。与此同时，李哲也想到了一条与张虎差不多的思路，但是，因为要进行大量的市场调研和研究，工作量很大，所以李哲最终放弃了。眼看着上交创意的日子就要到了，张虎终于做出了一份使自己满意的策划书。而李哲呢？因为前怕狼后怕虎，他非但没有做出计划书，更没有交上使自己满意的答卷。

在截止日期的前一天，张虎对自己的策划书进行最后的审校，此时，李哲说："张虎，让我看看你的策划书吧，听大家说你为这份策划书可是煞费苦心呢！"张虎感到非常为难，但想到就剩下一个晚上了，即使李哲剽窃自己的成果也来不及了，张虎最终决定让李哲看看自己的计划书。次日，在公司领导精选出来的项目计划书中，李哲排在张虎前面对自己的计划书进行阐述。当李哲的计划书出现在投影仪上的时候，张虎呆住了，这不是自己的计划书吗？所有数据都是自己辛辛苦苦统计出来的。虽然如此，张虎并没有声张。公司领导对于李哲的计划书展示的数据非常满意，因此让李哲详细阐述一下这些数据的由来。这下子轮到李哲呆住了，因为他根本不知道这些精密的数据是如何得到的。此时，只见张虎不慌不忙地说："让我来阐述吧，因为这些数据是我近两个月利用工作之余统计出来的。"

听完张虎的详细阐述，领导知道这些数据明显是张虎的心血。最终，张虎顺利地通过了领导的考核，升为部门主管。

不管什么时候，事实都胜于雄辩。即使一个人再能言善辩，都无法阐释经由别人的脑子诞生出来的伟大思想。尽管脑力劳动的成果是容易剽窃的，但是思考的过程却是无法复制的。正如案例中的张虎，因为信任，他把自己的劳动成果给李哲看了。虽然李哲很卑鄙地剽窃了张虎的统计数据，但是他却根本不知道这些数据是如何得来的。面对与你争功劳的同事，事实就是最强有力的辩驳。

怀着一颗感恩的心对待家人

每个人的成长都离不开家人的陪伴，从嗷嗷待哺的婴儿到健康成熟的成人，这期间的过程是非常漫长的，离不开父母无微不至的关心、照顾，也离不开兄弟姐妹的相互扶持、鼓励和帮助。然而，等到真正长大的时候，也就是我们脱离家庭的时候，我们组建了一个属于自己的家庭，从而彻底地脱离了之前的大家庭。细想起来，家庭就像一个不断分裂的细胞，一代一代地衍生下去。

对待家人，不管是父母也好，还是兄弟姐妹也好，我们都应该怀着一颗感恩的心。要知道，假如没有他们，也就没有今天的我们。在现代社会中，很多人因为自己的家庭条件不够好，父母无法为自己提供更多的经济支持，而对父母心生怨恨。其实，这是完全错误的做法。对于任何生命而言，都离不开母亲的子宫，在那个黑暗而又温暖的小房子里，你从一个小小的胚芽成长为一个健康可爱的婴儿。而婴儿靠什么生存和成长呢？靠的是母亲的血。所以说，每一个孩子都是母亲的骨血。在此期间，还远远不是母亲最操心的时候。等到孩子出生以后，父母还要一把屎一把尿地把孩子养大成人。人们常说，不养儿不知父母恩，主要是因为没有养育孩子的人根本无法体会父母的辛劳。对于初为父母的人而言，最难熬的就是孩子生病的时候。看着那个小小的身躯在护士的手底下扭动，父母总是心如刀割，恨不得代替孩子被针扎。在成长的过程中，孩子需要兄弟姐妹的陪伴，一个孩子总觉得孤单，假如能有一个兄弟姐妹，即使偶尔打打闹闹，也是一份亲密无间的陪伴。如此想来，不管我们的父母是贫穷还是富有，不管我们的兄弟姐妹离我们是远还是近，他们都是我们最亲近的人，是我们应该对其心怀感恩的人。

松阳今年26岁了。他的父母都是农民，一辈子过着面朝黄土背朝天的生活，为了供松阳读完大学，他的父母每年农闲的时候都外出打工，在建筑工地上干一些又脏又累的活儿。大学毕业后，松阳选择留在了大城市。父母原本以为等到松阳读完大学就能够帮衬家里了，想不到的是，大城市的大学生多如牛毛，松阳非但不能够帮助父母，反而时常需要父母的接济。

转眼之间，毕业两年的松阳已经26岁了，经人介绍，他认识了李云。李云是一个非常漂亮的姑娘，而且是本地人，父母都在银行工作，家境比较殷实。经过一年多的恋爱，李云想结婚了。松阳当然也想早日结婚，毕竟，结婚了自己也就有家了。为了商讨结婚的诸多事项，松阳的父母特意从外地赶来和亲家见面。想不到的是，李云的父母提出让松阳的父母在本市买一套房子。为了供松阳上大学，他的父母已经累弯了腰。如今，居然让他们在本市买一套50万的房子，这不是强人所难吗？大多数人都认为松阳应该和李云协调好这件事情，以免父母为难。但是，出人意料的是，当李云说出没有房子就不结婚的时候，松阳转而去责怪他的父母。他说："都是你们成天嚷嚷着让我找对象。这下好了吧，对象找到了，也要结婚了，房子呢？没有房子怎么结婚？没有房子有哪个姑娘愿意嫁给我？"松阳的父母不禁老泪纵横，善良的他们没有想到责备儿子，只是自责没本事，没给孩子一个幸福安稳的家。

如此一来，结婚前的家长见面闹得不欢而散，面对李云及其父母坚定的买房态度，松阳赌气地说："这婚不结了！"当父母再劝松阳好好和李云商量一下房子能否缓缓再买的时候，松阳对着父母吼道："缓一缓，缓一缓，既然房子可以缓一缓再买，为什么婚不能缓一缓再结呢？你们什么都给不了我，却总是催着我结婚！"父母无语哽咽，不知道应该如何应对。

一天，松阳正在上班，突然接到了一个电话，原来，为了给松阳攒钱买房子，他的父母重操旧业，到建筑工地上打工。不幸的是，松阳的爸爸从三层楼高的脚手架上摔了下去，昏迷不醒。松阳跪在父亲面前，大声哭道："爸爸，你睁开眼睛看一看我吧！我是松阳，我是个浑蛋，你和妈妈辛辛苦苦地供我读完大学，但是我却逼你们买房子！我是个浑蛋啊！”最终，松阳的爸爸醒了过来，但是却瘫痪了！

之后，松阳毅然决然地和李云分手了，他再找女朋友的时候，第一个条件就是告诉对方自己没有房子，而且每个月要给父母一些钱养老。终于，松阳找到了一个愿意和他同甘共苦的女孩，女孩冰雪聪明，善解人意。她说：“对于人生而言，最大的痛苦就是子欲养而亲不待。房子会有的，只是时间的问题，但是，父母却只有一辈子的缘分，必须好好珍惜！”毫无疑问，他们生活得非常幸福，女孩子把松阳的父母当成自己的父母孝敬，毋庸置疑，松阳对岳父岳母也非常好！

不管什么时候，我们都要对家人心怀感恩，因为没有他们就没有现在的我们。每个人的成长都离不开家人的关心、照顾和陪伴，所以，我们要永远地珍惜和家人之间的缘分和情意！

宽容地对待丈夫

男人和女人就像两块棱角分明的石头，结合成夫妻之后，在一起要不断地磨合，或者磨合好，或者磨合不好，无外乎这两种结局。磨合好的夫妻自此之后就有了自己幸福安稳的家庭，磨合不好的夫妻或者凑凑合合地过一辈子，或者好说好散。其实，即使是磨合好的夫妻，也无法做到像一个人面对自己的内心那么圆融，归根结底，这是两个完全不同的个体，不仅性格特点不同，而且成长经历、受教育的背景也是截然不同的。所以，这里所指的磨合好是相对而言的。只要两个人能够和睦相处，在生活中彼此依靠、相互扶持，那么就是磨合得比较好的夫妻。夫妻相处是一门学问，需要我们用心地去感悟。在婚姻生活中，要想使彼此之间多一些谅解和支持，宽容是必需的。

和男人的粗枝大叶比起来，女人显得细心，在婚姻生活中，很多时候，女人更爱唠叨。然而，唠叨却是婚姻的天敌。在女人无休无止的唠叨声中，丈夫渐渐失去了耐心，直至开始厌恶妻子。由此可见，要想

拥有一个幸福的家庭，妻子首先应该更加宽容地对待自己的丈夫，尽量少唠叨。然而，虽然道理人人都懂，但是在现实生活中，还是有很多女人不能很好地控制自己，不能管好自己的嘴巴。男人起床之后没有刮胡子，女人唠叨；男人晚上睡觉之前没有洗脚，女人唠叨；男人吃饭的时候不爱喝汤，女人唠叨；男人开车太快，女人唠叨；男人开车太慢，女人还是唠叨；男人工作清闲，女人唠叨男人没出息，没有事业心；男人工作太忙，女人唠叨男人不爱惜自己的身体，不知道照顾家庭……在女人看来，男人似乎无论怎么做都不够，无论如何改正，都是错误的。其实，遇到这种情况，就意味着问题并非出在男人身上，而是出在女人身上。对于女人而言，要想把男人改造成自己心目中的样子当然是不现实的，归根结底，男人和女人是完全不同的两个个体，而且，假如男人完全按照女人心目中的样子来改变自己，那么他就失去了男人的尊严。所以，女人要学会宽容地对待男人，真心地接受男人的本来面目。

朱莉在一家大报社担任记者，因为工作需要，她不得不经常出差。朱莉的事业心非常强，经常要去外地采访，回到家里之后，她又开始忙家务，日久天长，和丈夫之间的交流越来越少。

一个周末，朱莉没有出差，所以就在家中充当一个贤妻良母的角色，陪伴丈夫和儿子。正当一家人其乐融融地看电影的时候，六岁的儿子忽然疑惑不解地问："妈妈，为什么你在家里的时候孟阿姨就不来玩了呢？""孟阿姨？"朱莉惊讶地看着丈夫，"谁是孟阿姨？"丈夫的脸突然红了，尴尬地解释说："小孟是我们单位新分配来的大学生。在我们部门工作。"看到丈夫窘迫的样子，朱莉没有再追问下去，只是哄着儿子说："哦，可能孟阿姨有事情吧，下次我们请孟阿姨来家里玩，好吗？"

虽然强颜欢笑，但是朱莉的心里却很不是滋味。一直以来，她都非常信任丈夫，但是他却……朱莉的内心非常纠结，思前想后，心里特别难受，甚至想和丈夫大吵一顿，或者干脆离婚算了。过了很久，朱莉渐渐恢复了冷静。她开始反省自己。她一年到头总是出差，很少

照顾家庭、丈夫和儿子。况且，她也没有确凿的证据能够证实丈夫和小孟之间的关系。假如不分青红皂白地和丈夫大吵大闹，反而显得自己小肚鸡肠了。

想到这里，她拎起包直奔菜市场。晚餐她亲自下厨做了几个丈夫最爱吃的菜，没让保姆动手。一顿融洽的晚餐之后，孩子玩了一会儿就睡着了。朱莉终于可以安安静静地和丈夫待会儿了。她偎着丈夫，温柔地说：“我经常外出采访，一走就是一个星期，总是把孩子扔给你一个人，实在太难为你了。我不在家的时候，你肯定会觉得寂寞，和我一个人睡在旅馆里的感受是相同的。你知道吗？我出差的时候特别想你和孩子，对于我来说，只有你的肩膀才是我最坚实的依靠。假如没有你的支持，我的工作根本不可能取得现在这样的成绩。”

丈夫沉默不语，怜爱地抚摸着朱莉的头。朱莉轻声地问：“我们周末一起请她来家里吃晚饭吧？”见丈夫面露难色，朱莉保证说：“你放心吧，我绝对不会为难她的，因为为难她就是为难你。”

周末，朱莉亲自下厨，做了很多拿手好菜。小孟来了，朱莉非常热情地款待她，而且拉着她的手问东问西，俨然就像好姐妹一样。临走的时候，朱莉特意让丈夫留在家中看孩子，自己则独自把小孟送下楼。朱莉拉着小孟的手真诚地说：“我啊，平时工作太认真了，对家庭照顾得不够，谢谢你常来家里照顾这一大一小两个男人。看你这样温柔可爱，哪个小伙儿娶到你可是太有福气了。好了，不远送你啦，有空的时候，欢迎你常来家里玩。”

朱莉的一席话让小孟羞愧得无地自容，又为朱莉的大度感到万分感激。后来，朱莉把单位里一个非常帅气的小伙子介绍给小孟当男朋友，他们很快就结婚了，而且与朱莉夫妇成了好朋友。

面对第三者的出现，大多数女人都会歇斯底里地吵闹。但是，朱莉非但没有大吵大闹，反而非常冷静。她之所以这么做，是因为她知道吵闹非但无济于事，反而会把自己的丈夫推向“第三者”的怀抱。所以，她选择用宽容大度和温柔重新唤起丈夫心底的温情，从而成功地挽回了

家庭的幸福。对于智者而言，宽容是一件威力强大的法宝，不管是在家里还是社会中，它能够给人带来意想不到的惊喜和收获！

唠叨、批评和指责是婚姻的死穴

很多时候，我们眼睁睁地看着一场幸福美满的婚姻走向终结，但是却不知道自己错在哪里。不得不说，这是莫大的悲哀。尽管人们都说夫妻相处是一门艺术，需要双方都作出很大的妥协和让步，但是，实际上，夫妻相处也是很容易的。只要把握好一些原则，那么夫妻相处就会变得更加简单。归根结底，牙齿总是不小心咬到舌头，夫妻之间没有不吵架的。假如不涉及原则问题，偶尔的争吵反而促使夫妻之间更加和睦，增进彼此的交流和了解。当然，这一切都要建立在不涉及原则问题的基础上。

毫无疑问，生活是琐碎的，所以，很多夫妻的争吵并非缘于无法协调的矛盾，而是因为一些鸡毛蒜皮的小事。或者是因为谁刷碗，或者是因为谁接送孩子上学放学，或者是因为春节的时候回谁家。细想起来，因为这些简单的小问题吵架简直很可笑，毕竟夫妻是要相濡以沫过一辈子的。然而，事实的确如此，很多夫妻吵架都是因为这些微不足道的小事。因为这些小事吵架，要想控制事态的发展，最重要的是就事论事，不要因为这些小事而上纲上线，否则，就会无法收拾。很多时候，男人的思维模式和女人是不同的，女人喜欢叨唠，但是男人却最讨厌听到女人的唠叨。这主要是因为男人和女人的心理特点不同。通常，女人唠叨只是一种情绪的发泄，仅仅需要一个倾听者，但是男人却与此截然不同。对于男人而言，既然提出一个问题，那么就去解决这个问题。所以，女人的无心唠叨总会令男人抓狂。因为男人传统以来的主宰位置，所以大多数男人都特别爱面子，对于女人的批评和指责，简直是无法忍受的！因此，我们可以这么说，唠叨、批评和指责是婚姻的死穴。要想婚姻生活幸福美满，作为女人，就一定要避免点到这三个死穴。

实际上，在了解男人的生理特点之后，你会发现与男人交往原本是很容易的。男人的思维是粗线条的，他们不喜欢唠叨。对于他们而言，一就是一，二就是二，没有介于中间的模棱两可的答案。所以，女人应该学着适应男人的思维方式，这样才能更好地和男人相处。

伊伊和华丰是大学同学，他们是自由恋爱并且结婚的。原本以为对于自由恋爱的情侣而言，婚后的生活一定会比蜜更甜，想不到的是，他们结婚没多长时间就开始无休无止的争吵。这种争吵严重破坏了他们之间的感情，使伊伊有种痛不欲生的感觉。

就这样，他们争吵了三年，在此期间，孩子诞生了。当他们又一次因为小事而争吵的时候，伊伊一气之下离开了家。经过彻夜不眠的思索，伊伊决定离开华丰。但是，当伊伊回到家之后，看到孩子那天真灿烂的笑脸，她的母性复苏了，她变得犹豫不决。

为了改变现状，伊伊决定再给彼此一个机会，她去看心理医生，希望心理医生能够帮助自己找到问题的答案，为什么相爱的两个人不能很好地相处。在心理医生面前，伊伊把家庭的情况全都倾诉了出来，她说：“不知道为什么，我整天都特别烦，我不仅要上班，还要照顾孩子，还要做家务。但是华丰呢？他就像没结婚的时候一样惬意，有的时候，我让他帮我拖地，他就敷衍。我让他帮我给孩子冲奶粉，他就糊弄，从来没有令我满意的时候。即使我每天都提醒他睡前刷牙，他还是忘记。而且，他总是丢三落四，让他下班买点儿菜带回来，他要么忘记，要会买回一堆烂菜。”

听着伊伊的倾诉，心理医生让她把华丰约到心理门诊。心理医生单独见了华丰，不出他的所料，华丰的表述和伊伊截然相反。华丰说：“自从结婚之后，我就深受打击，觉得自己一无是处。我不是懒惰，而是不管我干什么，受到的都是伊伊的指责。我拖地，她嫌弃我拖得不干净，我给孩子冲奶粉，她不是嫌弃稀了，就是嫌弃稠了！假如婚姻生活就是把我伤得体无完肤，那么我宁愿不要所谓的爱情。”

找到了症结所在之后，心理医生对伊伊说："男人和女人是不同的，男人比较粗线条，而女人则显得更加细腻。所以，在生活的很多细节方面，都是由女人照顾男人。而且，男人很难记住女人所关注的那些细节，因为他们自古以来就负责外出狩猎，而不是照顾家庭。因此，你应该给华丰更多的空间，假如你总是频繁地对他提出很多细节方面的要求，那么他就会不厌其烦。"心理医生对华丰说："女人天生就有筑巢的本能，她们自古以来就负责留在家中照顾孩子，所以，她们更多地关注细节。因此，你很难让伊伊在短期内改变这个毛病，因为这是大多数女人的通病。对于伊伊的唠叨，你可以当成是她的一种发泄，只要取其精华去其糟粕就行了。"

听了心理医生的建议之后，伊伊和华丰都开始积极地调整自己的心态，为了拥有一个幸福的家庭，为了能够给孩子一份安稳的生活，他们向着一个共同的目标不断地努力，最终顺利地度过了婚姻的转折，他们的婚姻生活变得越来越融洽，越来越和谐。

从这个案例中我们不难发现，唠叨、批评和指责是婚姻的死穴。要想拥有一份和谐稳定的婚姻生活，我们就必须避开死穴，尽量体谅和理解对方！

第 09 章

“宽心”是一种解脱，淡然处世做大度量的人

一个真正强大的人，并非有着多么强壮的身体和无限的能量，而是能够控制自己的情绪。对于任何人来说，只有成为自己的主宰，才算是真正的强大。此外，强大的人心胸开阔，有容人之量，正如古人所说的“宰相肚里能撑船”。

生气有百害而无一益

不管你是一个多么精明强干的人，你都面临着一个非常艰难的选择，即怎样度过自己的一生。对于生活，每个人都有各自的理解，对于人生，每个人更是有各自的追求。其实，你拥有怎样的人生，完全取决于你的人生观、世界观、价值观。而你的人生过得是否快乐，则完全取决于你拥有怎样的心态。宽容的人处处容人，在容人的同时也宽宥了自己。而心胸狭隘的人呢？总是不蒸馒头争口气，处处争强好胜，觉得别人都不如自己。尤其是在面对别人的过失的时候，不管是无心的，还是有意的，他们总是得理不饶人，纠缠得无休无止。从表面上看，这些人也许争得了一时之气，但是他们却深深地伤害了自己。人生苦短，假如总是无谓地争辩，无谓地置气，那么你用于享受幸福和谐的时间自然会越来越少。你愿意快乐地度过一生，还是忧郁地度过一生？面对这个问题，相信大多数人都能够给出正确而又理智的答案，然而，说起来容易做起来难，还是有很多人被愤怒冲昏了头脑，伤人伤己。

不管从哪个方面来说，生气都是有百害而无一益的。人们常说，退一步海阔天空。在人与人的交往中，更是如此。有的时候，假如双方互不相让，那么就容易使一件原本很简单的、无关紧要的事情逐渐恶化，直至无法收场。但是，假如有一方能够宽容大度，主动退让三分，也许结局就会截然不同。在为人处世的过程中，我们一定要沉住气，控制好自己的情绪，用大度的胸怀、平常的心态、理智的思维去对待人和事，只有这样，才能把“生气”这个魔鬼赶得杳无踪影。很多人都胸怀远大的志向，殊不知，假如你连自己的情绪都控制不了，又如何掌控大局呢？所以，要想成就大事，首先要成为自己的主宰，这才是做人做事的根本之法。《圣经》上说：“即使人赚得整个世界，但是却赔上自己的生命，那也是得不偿失的。”记住，不管什么时候，生命都是第一重要的。而生气无异于自杀，只要能够意识到这一点，你就能够更好地控制自己的情绪，降低生气的频率。

蔡明福夫妻在一家饭店旁边开了一个很小的便利超市。每到饭点，饭店的门口就川流不息，人来车往。很多顾客先到蔡明福夫妇的便利超市中买完东西，然后把车停在超市门口，顺便到饭店里吃饭。

一天中午，蔡明福和妻子正在吃午饭。突然，一辆最新款的奔驰车停在了他们的便利超市门口，一位略微发福的中年男人在他们的超市里买了一包中华烟，然后准备到旁边的饭店里吃午饭。

此时，蔡明福的妻子面露不悦，赶紧叫住那个男人，说：“先生，不好意思，麻烦你把你的车子移到别的地方吧，你停在我们的超市门口，正好挡住我们的门面了。”中年男人急匆匆地说：“我吃完饭马上就回来，最多不超过半个小时，不会耽误你们做生意的。”蔡明福的妻子一下子怒火中烧，非常生气地说：“你这个人讲不讲道理？这是我们的门面，是我们花钱租下来的，别以为你开奔驰就了不起。你最好赶紧把车挪开。”中年男人看到蔡明福的妻子出言不逊，也不甘示弱：“你说得太正确了，我今天还就不挪了。你家租的是门面，但不包括前面的路，我就爱停在这里，你管不着！”两个人互不相让，你一言我一语地吵了起来，吸引了很多路人驻足观看。有几个路人原本想进超市买东西，一看这架势赶紧绕道去其他超市了。

见此情景，蔡明福赶紧从超市里走了出来，拉住妻子说：“好了，不要再吵了！咱们是做生意的，讲究和气生财，怎么能为这一点小事和客人吵架呢？”蔡明福一边说，一边递给中年男人一支中华烟说：“先生，实在对不起，我老婆脾气不好，还请您多多原谅。”为此，蔡明福的妻子不停地埋怨他，而且说蔡明福是胆小怯懦的男人。蔡明福却不和妻子计较，始终微笑不语。

生气对身体特别不好，如今，越来越多的人已经意识到了这一点。很多人因为一些小事而生气，实在得不偿失。其实，很多时候，与其用争吵来解决问题，使自己多一个敌人，还不如用和气来解决问题，使自己多一个朋友。现代社会，各行各业的竞争越来越激烈，生存的压力也越来越大，人们的心情也越来越烦躁不安，与其一言不合就争吵起来，甚至大打出手，不如好言相待，利人利己。

总而言之，不管是从别人的角度来看，还是从自己的角度来看，生气都是有百害而无一益的，所以，我们应该摆正自己的心态，宽容待人，尽量少生气！

不要让自己被心牢囚禁

人们常说，心有多大，舞台就有多大。还有人说，世界上最宽阔的是海洋，比海洋宽阔的是天空，比天空更宽阔的是人的心灵。然而，未必每个人的心灵都比海洋更宽广，比天空更高远。有的人小肚鸡肠，心眼比针尖还小，不管做事情还是与人相处，都透着一股小家子气。这样的人很难有大的发展，更不会拥有精彩的人生。

有的时候，人们总是很纳闷，因为生活中的人们拥有的人生完全不同，有人的人生大风大浪，大开大合，也有人的人生犹如一汪死水，波澜不惊。那么，生命的意义在于什么呢？生命的真谛并非安安稳稳地活着，而是活得精彩，活得出人头地！假如你的每一天都是前一天的重复，那么，活几十年和活一天有什么区别呢？不过，有人却甘愿过这种生活。究其原因，他们是被自己的心牢囚禁了。与他们相比，有人的人生却是非常精彩的，他们经历了人生的大起大落，在跌宕起伏之中感受生命的真谛。他们遇到挫折和困难的时候从来不抱怨，而是一味地努力；他们高兴的时候也不会得意忘形，因为他们知道一切都是过眼烟云，生命最重要的在于过程，而不是结果。因此，他们活得非常明白，非常洒脱。恰如古人曾经说的，宠辱不惊，闲看庭前花开花落；去留无意，漫随天外云卷云舒。只要能够敞开自己的心灵，那么世界上就没有东西能够囚禁你。

古人云，世间本无事，庸人自扰之。在现实生活中，很多人都有烦恼，觉得自己不幸福。实际上，幸福与痛苦是相对而言的，正是因为有了痛苦，你才能感受到幸福的可贵；正是因为有了幸福，痛苦才使人生变得更加厚重。俗话说，人生百味。既然活着，我们就要坦然接受生活的赐予，既要笑着面对幸福，也要坚强地面对困难和挫折。假如因为一时的小挫折就把自己打入万劫不复的深渊，并且套上沉重的枷锁，那么，你就会失去翱翔的翅膀。要知道，生活的本质就是接二连三的波折，一波未平一波又起的就是生活。即使山峰再巍峨再青翠，也必须以包容的姿态拥抱一处处怡人的风景，揽住承载生命的一湾湾碧水，从不居功自傲，也不曾俯首言难。即使河水再柔弱，也必须承载万吨巨轮乘风破浪，而不能抱怨命运的不公。否则，它们就无法成为山峰和河水，无法感受到自己存在的价值。

黎明今年32岁，但还是单身。实际上，黎明的条件很好，追求他的女孩子也很多，但是他却始终不为所动。常言道，男大当婚，女大当嫁，黎明为什么始终坚持单身呢？这要从他26岁时的一次遭遇说起。

当时，黎明刚刚参加工作，不仅经济上非常拮据，而且也没有为人处世的经验。在一个偶然的机会，黎明认识了一个非常漂亮的女孩。虽然黎明什么都没有，但是因为一见倾心，所以女孩还是和黎明确定了恋爱关系。遗憾的是，女孩的家里非常有钱，父母都是生意人。尽管她不嫌弃黎明，但是她的父母却坚决反对她和黎明来往。眼看着两个人即将步入婚姻的殿堂，未来的岳父母也开始公开地采取各种办法阻挠黎明和女儿的恋情进展。甚至有一次，当着很多同事的面，未来的岳母羞辱黎明：“你这个穷小子，有什么资格谈爱情？你一个月的工资还不够买我女儿常用的化妆品，你又拿什么来养活她呢？你没有房子，没有车子，户口也不在本地，我希望你知难而退，不要自取其辱！”经过这次沉重的打击之后，黎明变得特别自卑。在这个陌生的城市中，他经常觉得自己就像一株浮萍，无依无靠，无着无落。自此以后，黎明再也没有谈过恋爱，因为他怕自己再次遭到别人无情的嘲笑。对于黎明，身边的亲人朋友都非常着急。毕竟，黎明的年纪不小了，一直单身不是长久之计……

假如黎明始终紧紧地关闭自己的心门，那么，他很有可能会与爱情擦肩而过。要知道，在这个世界上，我们既要笑对别人的夸赞，也要勇敢地面对别人的质疑。虽然男人是家庭的主要支柱，但是，男人却不是全能的。即使没有房子，没有车子，没有本地户口，只要有信心，只要肯努力，依然能够给自己所爱的女孩带来幸福。然而，黎明的自信心备受打击，从而封闭了自己的感情世界。实际上，这是一种逃避。把自己关在心牢之中，别人就无法伤害你了吗？实际上，这种行为已经严重影响了黎明的人生。所以，无论生活给予我们怎样的磨难，作为一个勇敢的人，我们都应该直面，努力争取属于自己的幸福，千万不要走进心牢，使自己插翅难逃。世界原本是很大的，但是对于一个禁锢了自己心灵的人来说，却变得无限小。只有敞开心房，阳光才能照进你的心灵，吹散阴霾！

想法太多，反而是一种负累

在生活中，我们总是羡慕一些人，他们有着诸葛亮的神机妙算，似乎所有事情都在他们的掌握之中，根本不可能发生任何意外。这种运筹帷幄的本领，是每个人都渴望拥有的。而有些人呢？显然是个马大哈，凡事漫不经心，似乎还有点儿傻乎乎。仅仅从表面判断，我们一定会说前者更幸福，然而，后者其实更容易得到幸福。要知道，想法太多是一种负累，很多时候，机关算尽太聪明，反误了卿卿性命。生活充满了变数，即使再聪明的人，也不可能把所有事情都掌握。因此，有的时候，我们要想得到幸福，就要学会随遇而安，学会尽人力而知天命，知道量力而行。

想法太多，不但很难实现，还会分散人的精力。众所周知，人非神，时间和精力都是有限的。很多时候，想法太多，不如坚定不移地朝着自己的目标前进，去努力实现它。很多想法多的人一时一个想法，论聪明劲儿，肯定胜人一筹，但是，在职场上，他们未必能够获得成功，究其原因，是因为他们成了想法的“奴隶”，而没有成为想法的主宰，他们为想法所累，没有机会努力实现自己的想法。如此想来，想法太多反而是一种负累，有的时候还会导致一事无成，不如脚踏实地地去做效果好。

关于未来，小雅有着无数的憧憬。早在大学期间，她就开始幻想自己未来的生活。她时而幻想自己能够成为一个白领，找到一个深爱自己的人，和自己共度一生；时而幻想自己能够成为一个女强人，在职场上呼风唤雨；她甚至还想成为一个全职主妇，一心一意地相夫教子。在学习上，她更是如此，总是心血来潮。她一会儿学习摄影，一会儿学习绘画，一会儿学习声乐，一会儿学习钢琴，甚至有段时间还专门去学习高尔夫，说是更容易认识金龟婿。和小雅比起来，亚南无疑是个傻丫头。虽然她和小雅的关系很好，但是显然还没有开窍。她牢牢地记着走出大山的时候父母对自己的叮咛：“以后你就必须靠自己了！”为此，她暗暗下决心，一定要好好学习，改变自己的命运。正是这个信念，支撑着她从春走到秋，从冬走到夏。当其他的女同学都在涂脂抹粉的时候，亚南一个人在图书馆埋头苦读。大四的时候，当同学们走马灯似的参加招聘会的时候，只有亚南一个人还在认真思考毕业论文。

然而，毕业的时候，让所有人都大跌眼镜的是，丑小鸭般默默无闻的亚南在一夜之间蜕变成了一只夺目的白天鹅。她的毕业论文被导师

推荐到国家级刊物上发表了，再加上她平日表现比较好，因此学校决定让她留校，而且承诺工作一年她可以在本校读研究生。同学们都瞠目结舌，因为亚南实在是太普通了，大家在此之前从来没怎么注意过她。而最能折腾的小雅呢？非但没有找到合适的工作单位，而且因为平时兴趣过于广泛，想法太多，目标一时三变，导致专业课有一门不及格，缓发毕业证。

小雅和亚南两个人，虽然基础完全不同，但是，她们最终的命运却使人大跌眼镜。假如小雅能够像亚南一样专心地向着一个目标努力，那么，她一定会拥有一个精彩的人生。

尽管我们每个人都知道脑筋应该活络一些，但是却不能想法过多，否则，就很难集中精力去做好一件事情。通常情况下，头脑过于聪明的人未必能够成就大事，反而是那些坚定执着的人能够在一条道上走下去，直至获得成功。纵观古今中外，大多数有成就的人都是脚踏实地的人，否则，很难坚持登上成功的顶峰！

放下悲喜，才能彻底解脱自己

人生在世，必然要经历很多事情，这些事情使我们或喜或悲，沉浸在情绪的河流之中。你是随波逐流，还是把握自己？假如你随波逐流，那么你的人生必然会随着命运的安排跌宕起伏，而你也只能被动地感受人生。与此相反，假如你能够把握自己，把握自己的心灵，那么你就能够把握命运，彻底地解脱自己。古人云，不以物喜，不以己悲。然而，很多人恰巧与此相反，总是一会儿哭一会儿笑，甚至连自己也不知道是该哭还是该笑。人有七情六欲是正常的，但是，过于放纵自己的感情，那么就会使自己被情绪所控制和影响，失去自我。

当然，这并不意味着人生应该平淡如水。不过，凡事都应该避免过犹不及。在生活中，最难放下的是仇恨。很多人在提起自己的仇人时

咬牙切齿，殊不知，在憎恨别人的过程中，受伤害的还有自己。所以，人们才会说，爱的反面不是恨，而是遗忘，因为恨也是一种爱。对于曾经的爱人而言，假如你还恨他，那么就说明你还没有忘记他，更没有释怀，而是以恨的方式在爱着他。假如你真的不爱了，那么你就不会恨他，而是遗忘，真正地遗忘。只有遗忘，你才能够获得解脱，才不会用别人曾经犯下的错误长久地惩罚自己。

佛陀在世的时候，一位名叫黑指的婆罗门来到佛前，运用神通，每只手里都拿了一个比人还高的花瓶，前来献给佛陀。

佛陀对黑指婆罗门说道：“放下！”

因此，婆罗门就把左手拿的那个花瓶放到了地上。

但是，佛陀还是说：“放下！”

于是，婆罗门又把右手拿的那花瓶也放到了地上。

让婆罗门不解的是，佛陀仍然说：“放下！”

黑指婆罗门疑惑地说：“世尊，我的手里什么都没有了，我已经把两个花瓶都放到地上了！”

佛陀点拨他说：“我是让你放下你的六根、六尘和六识，而不是让你放下花瓶。你只有放下这些，心无杂念，才能够从生死桎梏中彻底解脱出来。”

至此，黑指婆罗门才了解佛陀的真意，赶紧顶礼膜拜。

雅致和文强是大学同学，早在大学期间，他们就确立了恋爱关系，毕业以后，他们留在了同一个城市。原本，他们是同学羡慕的金童玉女，但是，在生活和事业渐渐有了好转之后，文强却觉得和雅致之间越来越寡淡，没有什么共同语言了。因此，文强提出了分手。雅致为此非常憎恨文强，她觉得这个男人耗尽了自己的大好年华。

几年过去了，在同学聚会上，雅致看到文强还是怒目相视。直到有一天，她认识了现在的老公，一个非常优秀的温文尔雅的男人。渐渐地，雅致发现自己已经不恨文强了，在大学毕业十年的同学聚会上，雅致甚至主动和文强打招呼，给他看自己儿子的照片。文强如释重负，他

知道，雅致终于放下了自己！

在第一个佛教故事中，佛陀的本意是想让黑指婆罗门放下心里的执着，并非仅仅放下手中的花瓶。对于一个普通人而言，根本不可能每只手都拿着一个比人还高的花瓶，甚至即使用两只手抱起来也是十分困难的。但是，黑指婆罗门为了展示自己的神通，非常张扬地一只手拿着一个比人还高的花瓶，并且展示给佛陀看。这就是执着，黑指婆罗门太想炫耀自己了。在第二个案例中，雅致好几年都没有从对文强的感情中走出来，直到认识了一个优秀的男人，才找到人生的归宿。最终，她之所以能够坦然地面对文强，正是因为她真正地放下了文强，彻底地解脱了自己。

很多时候，执着非常微妙，有时候不由自主，有时候则是故意的。打个比方，有的人，尽管你与他只有一面之缘，但是却印象深刻，无论如何都忘不了；而有的人，即使你天天见，但却对他视若无睹。这就是执着的作用！因为每个人的心里都有自己的爱和欲，因此，即使是对同样的东西，每个人也会产生截然不同的想法。要想控制自己，就要抛开所有的世俗杂念，这样一来，你就会发现自己可以挣脱执着的束缚。

面对仇恨，面对虚荣，面对炫耀，面对很多人性的劣根，要想战胜它们，我们就要学会控制自己的各种贪欲，放下很多华而不实的东西，牢牢地把握人生！

参考文献

[1] 吴学刚.宽心舍得淡定[M].北京：朝华出版社，2012.

[2] 吴淡如.性格决定幸福[M].南昌：二十一世纪出版社，2008.

[3] 吴维库. 阳光心态[M].北京：机械工业出版社，2006.